Leitfaden der Rechtswissenschaft
Band 5

Bürgerliches Gesetzbuch
Fünftes Buch

Erbrecht

von

E. Kummerow
Rechtsanwalt und Notar

Berlin 1947
Walter de Gruyter & Co.
vormals G. J. Göschen'sche Verlagshandlung — J. Guttentag, Verlagsbuchhandlung — Georg Reimer — Karl J. Trübner — Veit & Comp.

Archiv-Nr. 231547/5.

(895) 8367. Druck: A. W. Hayn's Erben, Berlin SO 36, Schlesische Str. 26. 3300. 11. 47.

Inhaltsverzeichnis

Abkürzungsverzeichnis

BGB	=	Bürgerliches Gesetzbuch.
EGBGB	=	Einführungsgesetz zum Bürgerlichen Gesetzbuch.
FGG	=	Gesetz über die Angelegenheiten der freiwilligen Gerichtsbarkeit vom 17. 5. 1898.
PrFGG	=	Preuß. Gesetz über die freiwillige Gerichtsbarkeit vom 21. 9. 1899.
AGGVG	=	Preuß. Ausführungsgesetz zum Gerichtsverfassungsgesetz.
GBO	=	Grundbuchordnung, Fassung vom 8. 8. 1935.
KO	=	Konkursordnung vom 20. 5. 1898.
StGB	=	Strafgesetzbuch.
TG	=	Gesetz über die Errichtung von Testamenten und Erbverträgen vom 31. 7. 1938.
ZPO	=	Zivilprozeßordnung, Fassung vom 8. 11. 1933.
ZVG	=	Gesetz über die Zwangsversteigerung und die Zwangsverwaltung vom 24. 3. 1897.

Erster Abschnitt

Erbfolge

I. Allgemeine Bestimmungen.

1. Begriff der Erbfolge.

Erbfolge ist der Uebergang des Vermögens einer Person bei deren Tod auf eine oder mehrere andere Personen, die Erben. Der Tod einer Person wird in diesem Zusammenhange als Erbfall bezeichnet, das Vermögen als Erbschaft (§ 1922 Abs. 1).

Nur eine natürliche Person, ein Mensch, kann sterben und beerbt werden; juristische Personen können zwar untergehen, die Nachfolge in ihr Vermögen ist aber keine Erbfolge.

Das Vermögen eines Verstorbenen, die Erbschaft, geht als Ganzes auf den oder die Erben über (§ 1922 Abs. 1), die Erbfolge ist also ein Fall der Gesamtnachfolge. Daher kann der Erbe nicht einen oder einzelne Gegenstände der Erbschaft, z. B. ein Grundstück, annehmen und im übrigen die Erbschaft ausschlagen.

2. Gegenstand der Erbfolge.

Nur das Vermögen, die Gesamtheit der einer Person zustehenden Vermögensrechte, ist Gegenstand der Erbfolge. Vermögensrechte sind alle Rechte von wirtschaftlicher Bedeutung, z. B. das Eigentum und andere dingliche Rechte, Forderungsrechte, Urheberrechte usw. Kraft besonderer Vorschrift kann die Vererblichkeit eines Vermögensrechts ausgeschlossen sein (s. z. B. §§ 1061, 1090 Abs. 2).

Nicht zum Vermögen gehörende Rechte sind grundsätzlich nicht vererblich, so Persönlichkeitsrechte (das Recht am Namen), Familienrechte (elterliche Gewalt, Recht des Ehemannes auf Verwaltung und Nutznießung am eingebrachten Gut der Ehefrau beim gesetzlichen Güterstand usw.).

3. Erbfähigkeit.

Erbe kann jede natürliche und jede juristische Person werden, doch ist u. U. nach Landesrecht staatliche Genehmigung für einen Erwerb von Todes wegen erforderlich, so für die Mitglieder religiöser Orden oder für juristische Personen (EG BGB Art. 87 Abs. 2, Art. 86, s. auch Art. 88).

Erbe kann nur eine z. Zt. des Erbfalls existierende Person werden (§ 1923 Abs. 1); ein Mensch muß also bereits lebend geboren sein, eine juristische Person muß bereits die Rechtsfähigkeit erlangt haben. Ist ein Mensch aber z. Zt. des Erbfalls bereits erzeugt, so gilt er als vor dem Erbfall geboren, wenn er später lebend geboren wird (§ 1923 Abs. 2). Eine Ausnahme gilt nach § 84 auch für Stiftungen.

Die Mutter des z. Zt. des Erbfalls erst erzeugten Erben kann, falls sie außerstande ist, sich selbst zu unterhalten, bis zur Entbindung standesmäßigen Unterhalt aus dem ganzen Nachlaß oder, wenn das Kind nur zu einem Erbteil berufen sein würde, aus diesem Erbteil verlangen (§ 1963).

4. Vorhandensein mehrerer Erben.

Auch wenn der Verstorbene (Erblasser) von mehreren Personen (Miterben) beerbt wird, geht die Erbschaft als Ganzes auf die Miterben über; das bedeutet, daß der Nachlaß gemeinschaftliches Vermögen der Miterben wird (§ 2032). Der Anteil eines Miterben an dem Nachlaß wird Erbteil genannt. Auf den Erbteil finden die sich auf die Erbschaft beziehenden Vorschriften Anwendung (§ 1922 Abs. 2). Der Miterbe nimmt also den Erbteil an oder schlägt ihn aus wie der Alleinerbe die Erbschaft; der Verkauf eines Erbteils bedarf gerichtlicher oder notarieller Beurkundung wie der Verkauf einer Erbschaft durch den Alleinerben (§ 2371) usw.

II. Gesetzliche Erbfolge.

1. Voraussetzungen.

Der Erblasser kann durch Verfügung von Todes wegen (Testament oder Erbvertrag) den Erben bestimmen (§§ 1937, 1941 Abs. 1). Für den Fall, daß eine Erbeinsetzung durch Verfügung von Todes wegen nicht vorliegt oder zwar vorliegt, aber nicht zur Durchführung gelangt (sie ist nichtig, der eingesetzte Erbe schlägt die Erbschaft aus usw.), regelt das Gesetz die Erbfolge (gesetzliche Erbfolge).

2. Die gesetzlichen Erben.

Als gesetzliche Erben sind berufen:

a) die Verwandten des Erblassers (§§ 1924 ff.);

b) der Ehegatte des Erblassers, und zwar neben den Verwandten oder statt ihrer (§ 1931);

c) der Fiskus des deutschen Landes, dem der Erblasser z. Zt. seines Todes angehört hat, wenn weder Verwandte noch ein Ehegatte des Erblassers vorhanden sind (§ 1936).

III. Gesetzliche Erbfolge der Verwandten.

1. Allgemeine Vorschriften.

Die gesetzliche Erbfolge der Verwandten bestimmt sich nach der sogenannten Parentelenordnung. In der ersten Ordnung sind die Abkömmlinge des Erblassers (Kinder, Enkel usw.) berufen, in der zweiten Ordnung die Eltern und deren Abkömmlinge, in der dritten die Großeltern und deren Abkömmlinge usw. Immer die Ascendenten (Vorfahre) des gleichen Grades (also z. B. sämtliche vier Großeltern) nebst ihren Abkömmlingen bilden eine Parentel.

Die Verwandten, die einer dem Erblasser näherstehenden Ordnung angehören, schließen die Angehörigen einer entfernteren Ordnung von der Erbfolge aus (§ 1930). Die Eltern des Erblassers z. B. und deren Abkömmlinge erben also nur, wenn ein Abkömmling des Erblassers nicht als Erbe in Frage kommt (es ist keiner vorhanden, der vorhandene hat die Erbschaft ausgeschlagen usw.).

2. Gesetzliche Erben der ersten Ordnung sind die Abkömmlinge des Erblassers (§ 1924). Ein z. Zt. des Erbfalls lebender Abkömmling schließt seine Abkömmlinge von der Erbfolge aus (§ 1924 Abs. 2). An die Stelle eines vorverstorbenen oder sonstwie, z. B. durch Erbausschlagung, weggefallenen Abkömmlings treten dessen Abkömmlinge (§ 1924 Abs. 3); es gilt also Erbfolge nach Stämmen. Kinder erben zu gleichen Teilen (§ 1924 Abs. 4), Kinder eines vorverstorbenen oder sonstwie weggefallenen Kindes teilen dessen Erbteil zu gleichen Teilen unter sich usw.

3. Gesetzliche Erben der zweiten Ordnung sind die Eltern des Erblassers und deren Abkömmlinge (§ 1925 Abs. 1). Leben z. Zt. des Erbfalls die Eltern, so erben sie allein und zu gleichen Teilen (§ 1925 Abs. 2). An die Stelle eines vorverstorbenen Elternteils treten dessen Abkömmlinge (§ 1925 Abs. 3 S. 1) und hinsichtlich der Abkömmlinge der Eltern gelten die gleichen Vorschriften wie für die Abkömmlinge des Erblassers bei Beerbung in der ersten Ordnung; jeder Abkömmling der Eltern schließt seine Abkömmlinge von der Erbfolge aus, an die Stelle eines weggefallenen treten dessen Abkömmlinge zu gleichen Teilen. Auch in der zweiten Ordnung gilt also, wie weiterhin noch in der dritten Ordnung, Erbfolge nach Stämmen.

Sind Abkömmlinge eines vorverstorbenen Elternteils nicht vorhanden, so erbt der überlebende allein (§ 1925 Abs. 3 S. 2).

4. Gesetzliche Erben der dritten Ordnung sind die Großeltern des Erblassers und deren Abkömmlinge (§ 1926 Abs. 1).

Leben alle Großeltern noch z. Zt. des Erbfalls, so erben sie allein und zu gleichen Teilen. Auch in der dritten Ordnung gilt dann wieder Erbfolge nach Stämmen, d. h. an die Stelle eines vorverstorbenen Großelternteils treten dessen Abkömmlinge nach den gleichen Vorschriften, wie sie in der ersten und zweiten Ordnung gelten (§ 1926 Abs. 3 S. 1, Abs. 5). Sind Abkömmlinge eines vorverstorbenen Großelternteils nicht vorhanden, so fällt dessen Anteil dem anderen Großelternteil der gleichen Linie zu (§ 1926 Abs. 3 S. 2); ist also z. B. der Großvater mütterlicherseits vorverstorben, ohne Abkömmlinge zu hinterlassen, so erhält die Großmutter mütterlicherseits ½ der Erbschaft. Ist in dem genannten Fall auch der andere Großelternteil der gleichen Linie vorverstorben, so erhalten dessen Abkömmlinge die beiden Anteile des vorverstorbenen Großelternpaares (§ 1926 Abs. 3 S. 2). Sind schließlich beide Großeltern einer Linie vorverstorben und sind auch Abkömmlinge der verstorbenen nicht vorhanden, so erben die anderen Großeltern oder ihre Abkömmlinge allein (§ 1926 Abs. 4).

5. Es kann vorkommen, daß eine Person verschiedenen Stämmen angehört. Dann gilt die Vorschrift, daß sie den in jedem dieser Stämme ihr zufallenden Anteil als besonderen Erbteil erhält (§ 1927).

Z. B.: Der Erblasser hat 4 Kinder, A, B, C, D; B und C sind verstorben und zwar B unter Hinterlassung eines Sohnes B 1, C unter Hinterlassung einer Tochter C 1. B 1 und C 1 haben sich geheiratet, sind dann aber ebenfalls vor dem Erblasser verstorben. Aus ihrer Ehe ist ein Kind vorhanden, U. Es erhalten nun A und D je 1/4 der Erbschaft, U dagegen ½, da er den beiden Stämmen B und C angehört und in beiden allein erbberechtigt ist.

Die Vorschrift, daß jeder der mehreren Erbteile, die derselben Person anfallen, als besonderer Erbteil gilt, bedeutet z. B., daß jeder Teil für sich angenommen und ausgeschlagen werden kann, daß die Haftung für die Nachlaßverbindlichkeiten sich für jeden Erbteil anders gestalten kann (§ 2007) usw.

6. Von der vierten Ordnung an gilt nicht mehr Erbfolge nach Stämmen, entscheidend ist vielmehr der Grad der Verwandtschaft; die dem Grade nach mit dem Erblasser näher Verwandten schließen die entfernteren aus, gleich nahe Verwandte erben zu gleichen Teilen (§§ 1928, 1929). Lebt also z. Zt. des Erbfalls nur ein Urgroßelternteil noch, so erbt er allein, auch wenn Abkömmlinge anderer Urgroßeltern vorhanden sind. Mehrere Urgroßeltern erben zu gleichen Teilen, gleichgültig, ob sie derselben Linie oder verschiedenen Linien angehören. Der Grad der Verwandtschaft bestimmt sich nach der Zahl der sie vermittelnden Geburten

(§ 1589 Abs. 1 S. 2); ein Kind eines Urgroßelternteils ist also mit dem Erblasser um einen Grad entfernter verwandt als ein Urgroßelternteil.

Eine Grenze des Verwandtenerbrechts gibt es nach BGB nicht; auch die entferntesten Verwandten können also als gesetzliche Erben erbberechtigt sein.

7. Das BGB versteht unter Verwandten die Blutsverwandten, also Personen, die voneinander oder von derselben dritten Person abstammen. Ein uneheliches Kind und dessen Vater gelten aber als nicht verwandt (§ 1589 Abs. 2); es hat also das uneheliche Kind kein gesetzliches Erbrecht nach dem Vater und umgekehrt. Erst wenn es durch nachfolgende Ehe legitimiert (§ 1719) oder durch Verfügung der Staatsgewalt für ehelich erklärt worden ist (§ 1723), erlangt es die rechtliche Stellung eines ehelichen Kindes (§§ 1719, 1736), gilt also nunmehr als verwandt mit dem Vater (s. aber § 1737).

Durch die Annahme an Kindesstatt erlangt eine Person die rechtliche Stellung eines ehelichen Kindes des Annehmenden (§ 1757). Doch gilt in Ansehung des Erbrechts die Einschränkung, daß zwar das angenommene Kind erbberechtigt nach dem Annehmenden, nicht aber der Annehmende erbberechtigt nach dem Kinde ist, auch kann in dem Annahmevertrage das Erbrecht des Kindes dem Annehmenden gegenüber ausgeschlossen werden (§ 1767 Abs. 1, s. auch §§ 1762, 1763).

IV. Gesetzliche Erbfolge des Ehegatten.

1. Der Ehegatte des Erblassers erbt neben Abkömmlingen des Erblassers 1/4, neben Eltern des Erblassers und deren Abkömmlingen und neben Großeltern des Erblassers ½ der Erbschaft (§ 1931 Abs. 1 S. 1). Sind aber alle Großeltern vorverstorben, so erbt der Ehegatte allein (§ 1931 Abs. 2); Abkömmlinge von Großeltern sind neben dem Ehegatten also nicht erbberechtigt. Ist ein Großelternteil verstorben, so fällt dessen Anteil dem Ehegatten, nicht dem anderen Großelternteil zu (§ 1931 Abs. 1 S. 2).

Die Angehörigen der vierten und der ferneren Ordnungen werden von dem Ehegatten sämtlich von der Erbschaft ausgeschlossen (§ 1931 Abs. 2).

2. Der Voraus des Ehegatten.

Erbt der Ehegatte bei der gesetzlichen Erbfolge neben Verwandten der zweiten Ordnung oder neben Großeltern, so gebühren ihm außer dem Erbteil die zum ehelichen Haushalt gehörigen Gegenstände, soweit sie nicht Zubehör eines Grundstücks sind, und die Hochzeitsgeschenke als Voraus (§ 1932 S. 1). Dieser Voraus ist ein sog. gesetzliches Vermächtnis; die für Vermächtnisse geltenden Vorschriften finden Anwendung (§ 1932 S. 2).

3. Der Ehegatte kann zugleich als Verwandter erbberechtigt sein; es hat z. B. der Onkel seine Nichte geheiratet, Kinder sind aus der Ehe nicht hervorgegangen; dann erhält der Ehegatte sowohl den Erbteil, der ihm als Ehegatten zusteht, wie den, der ihm als Verwandten zusteht, und zwar gilt jeder Erbteil als besonderer Erbteil (§ 1934).

4. Der geschiedene Ehegatte hat kein Erbrecht. Das Erbrecht des Ehegatten und das Recht auf den Voraus sind aber schon dann ausgeschlossen, wenn der Erblasser z. Zt. seines Todes auf Scheidung oder Aufhebung der Ehe zu klagen berechtigt war und die Klage erhoben hatte, sofern im Falle der Scheidung oder Aufhebung der Ehegatte als schuldig anzusehen wäre (§ 1933).

V. Gesetzliche Erbfolge des Fiskus.

Der Fiskus ist gesetzlicher Erbe, wenn z. Zt. des Erbfalls weder Verwandte noch ein Ehegatte des Erblassers vorhanden sind (§ 1936), und zwar der Fiskus des deutschen Landes, dem der Erblasser z. Zt. seines Todes angehört hat.

Landesrechtliche Vorschriften, nach denen anstelle des Fiskus eine Körperschaft, Stiftung oder Anstalt des öffentlichen Rechts gesetzlicher Erbe ist, sind in Kraft geblieben (Art. 138 EG BGB), ebenso landesrechtliche Vorschriften über Erbrechte des Fiskus oder einer anderen juristischen Person in Ansehung des Nachlasses einer verpflegten oder unterstützten Person (Art. 139 EG BGB).

Das Erbrecht des Fiskus wird vom Nachlaßgericht festgestellt nach Erlaß einer öffentlichen Aufforderung zur Anmeldung von Erbrechten (§§ 1964, 1965). Die Feststellung begründet die Vermutung, daß der Fiskus gesetzlicher Erbe sei. Erst nach erfolgter Feststellung kann der Fiskus als gesetzlicher Erbe Rechte geltend machen und als gesetzlicher Erbe in Anspruch genommen werden (§ 1966).

VI. Fällt ein gesetzlicher Erbe vor dem Erbfall weg, so daß ihm die Erbschaft nicht anfällt (Vorversterben, Erbverzicht, Ausschließung durch Testament) oder fällt er nach dem Erbfall weg mit der Wirkung, daß der Anfall an ihn als nicht erfolgt gilt (Ausschlagung, Erbunwürdigkeitserklärung), so wird die Erbschaft stets so vergeben, wie wenn der Weggefallene den Erbfall nicht erlebt hätte. Erhöht sich dadurch der Erbteil eines anderen gesetzlichen Erben (von 3 Kindern des Erblassers fällt eins ohne Hinterlassung von Abkömmlingen weg, so daß die beiden anderen statt je 1/3 je ½ der Erbschaft erben), so gelten der Erbteil, der diesem Erben schon ursprünglich zustand und der Teil, um den sich sein ursprünglicher Erbteil erhöht, in Ansehung von Vermächtnissen und Auflagen und in Ansehung der Ausgleichungspflicht (§§ 2050 ff.) als verschiedene Erbteile (§ 1935). Ein Vermächtnis z. B., mit dem der weggefallene Erbe beschwert war, braucht der verbleibende Erbe also nur aus dem Erbteil zu entrichten, um den sich sein ursprünglicher Erbteil erhöht.

Zweiter Abschnitt

Rechtliche Stellung des Erben

Erster Titel

Annahme und Ausschlagung der Erbschaft. Fürsorge des Nachlaßgerichts

I. Annahme der Erbschaft.

Der Erbe erwirbt die Erbschaft ohne weiteres mit dem Erbfall (§ 1942 Abs. 1). Die Annahme der Erbschaft hat also nur die Bedeutung, daß der Erbe die Erbschaft nun nicht mehr ausschlagen kann (§ 1943).

Die Annahme ist eine keiner Form bedürftige und nicht empfangsbedürftige Willenserklärung; sie liegt in jeder Aeußerung des Willens, die Erbschaft behalten zu wollen. So wird der Erbe, der einen Schuldner des Erblassers auffordert, die Schuld an ihn zu zahlen, damit regelmäßig die Annahme der Erbschaft erklären.

Auch ohne Erklärung der Annahme gilt die Erbschaft als angenommen, wenn der Erbe sie nicht innerhalb der vorgeschriebenen Frist ausgeschlagen hat (§ 1943).

Jeder Erbe hat das Recht, die Erbschaft auszuschlagen, nur der Fiskus nicht, wenn er als gesetzlicher Erbe berufen ist (§ 1942).

II. Ausschlagung der Erbschaft.

1. Die Frist für die Ausschlagung beträgt regelmäßig 6 Wochen, ausnahmsweise 6 Monate, nämlich wenn der Erblasser seinen letzten Wohnsitz nur im Auslande gehabt hat oder wenn sich der Erbe bei dem Beginne der Frist im Auslande aufhält (§ 1944 Abs. 1 u. 3).

Die Frist beginnt mit dem Zeitpunkte, in welchem der Erbe von dem Anfall der Erbschaft und dem Grund seiner Berufung (gesetzliche Erbfolge, Testament, Erbvertrag) Kenntnis erlangt (§ 1944 Abs. 2 S. 1). Ist der Erbe durch eine Verfügung von Todes wegen berufen, so beginnt die Frist nicht vor Eröffnung dieser Verfügung (§ 1944 Abs. 2 S. 2).

Hemmung des Fristlaufs und Hinausschiebung des Fristbeginns s. §§ 1944 Abs. 2 S. 3, 2306 Abs. 1 S. 2.

2. Die Ausschlagungserklärung ist dem Nachlaßgericht gegenüber abzugeben, und zwar in öffentlich beglaubigter Form (§§ 1945 Abs. 1, 129). Gibt ein Bevollmächtigter die Erklärung ab, so muß er seine Vollmacht durch öffentlich beglaubigte Urkunde nachweisen (§ 1945 Abs. 2).

Nachlaßgericht ist das Amtsgericht, in dessen Bezirk der Erblasser seinen letzten Wohnsitz hatte (§§ 72, 73 FGG).

3. Schlägt ein Erbe die Erbschaft aus, so gilt der Anfall der Erbschaft an ihn als nicht erfolgt (§ 1953 Abs. 1). Daher gilt der Anfall an den Nächstberufenen als bereits mit dem Erbfall erfolgt (§ 1953 Abs. 2); Nächstberufener ist derjenige, der berufen sein würde, wenn der Ausschlagende z. Zt. des Erbfalls nicht gelebt hätte. Das Nachlaßgericht soll die Ausschlagung dem Nächstberufenen mitteilen (§ 1953 Abs. 3).

III. Gemeinsame Bestimmungen für Annahme und Ausschlagung.

1. Der Erbe kann die Erbschaft annehmen oder ausschlagen, sobald der Erbfall eingetreten ist (§ 1946); den Beginn der Ausschlagungsfrist braucht er also nicht abzuwarten.

2. Die Annahme und Ausschlagung können nicht unter einer Bedingung oder einer Zeitbestimmung erfolgen (§ 1947).

3. Sie können auch nicht auf einen Teil der Erbschaft beschränkt werden (§ 1950). Die Annahme oder Ausschlagung eines Teiles ist unwirksam.

4. Ist ein Erbe aber zu mehreren Erbteilen berufen, so kann er den einen Erbteil annehmen und den anderen ausschlagen, wenn die Berufung auf verschiedenen Gründen beruht. Beruht die Berufung zu den mehreren Erbteilen auf demselben Grunde, so kann der Erbe die Erbteile nur einheitlich annehmen oder ausschlagen und Annahme oder Ausschlagung eines Erbteils gilt für einen anderen Erbteil auch dann, wenn dieser dem Erben erst später anfällt (§ 1951 Abs. 1 u 2).

Einheit des Berufungsgrundes liegt vor bei Zuwendung mehrerer Erbteile in einem Testament oder in verschiedenen Testamenten, in einem Erbvertrage oder in verschiedenen Erbverträgen, die der Erblasser mit derselben Person geschlossen hat (§ 1951 Abs. 2).

Mehrheit der Berufungsgründe liegt vor bei Anfall des einen Erbteils auf Grund Testaments, des anderen auf Grund gesetzlicher Erbfolge oder des einen auf Grund eines Testaments, des anderen auf Grund eines Erbvertrages oder bei Anfall mehrerer Erbteile auf Grund von Erbverträgen, die der Erblasser mit verschiedenen Personen geschlossen hat, schließlich bei Anfall mehrerer Erbteile nach §§ 1927, 1934.

Allerdings kann der Erblasser einen Erben auf mehrere Erbteile einsetzen und dabei bestimmen, daß der Erbe den einen Erbteil annehmen und den anderen ausschlagen könne, auch wenn nach der gesetzlichen Regelung Annahme und Ausschlagung nur einheitlich erfolgen kann (§ 1951 Abs. 3).

5. Ein Erbe kann auch auf die ganze Erbschaft oder einen und denselben Erbteil aus verschiedenen Gründen berufen sein; er kann dann die Berufung aus dem einen Grunde annehmen und sie aus dem anderen Grunde ausschlagen. So kann der testamentarische Erbe, der zugleich für die ganze Erbschaft oder für den gleichen Erbteil gesetzlicher Erbe ist, die Berufung aus dem Testament ausschlagen, die Berufung auf Grund gesetzlicher Erbfolge dagegen annehmen (§ 1948 Abs. 1, s. auch Abs. 2).

6. Ist der Erbe bei der Annahme der Erbschaft im Irrtum über den Berufungsgrund, so gilt die Annahme als nicht erfolgt (§ 1949 Abs. 1), und das gleiche gilt für die Ausschlagung; denn die Ausschlagung erstreckt sich im Zweifel auf alle Berufungsgründe, aber auch nur auf die Berufungsgründe, die der Erbe bei Abgabe der Ausschlagungserklärung kennt (§ 1949 Abs. 2).

7. Stirbt der Erbe vor Annahme der Erbschaft, so geht sein Recht, die Erbschaft auszuschlagen, auf seinen Erben über (§ 1952 Abs. 1). Der Erbeserbe kann also die ihm unmittelbar angefallene Erbschaft annehmen und trotzdem die ihm mittelbar, als Bestandteil der ersteren, angefallene Erbschaft ausschlagen. Die Ausschlagungsfrist für die dem Erben mittelbar angefallene Erbschaft verlängert sich dadurch möglicherweise; sie läuft nicht vor der Ausschlagungsfrist für die dem Erben unmittelbar angefallene Erbschaft ab (§ 1952 Abs. 2, s. auch Abs. 3).

8. Annahme und Ausschlagung sind Willenserklärungen und setzen unbeschränkte Geschäftsfähigkeit voraus (vgl. § 107). Die Annahme einer Erbschaft kann der gesetzliche Vertreter des Erben ohne Genehmigung des Vormundschaftsgerichts erklären, die Ausschlagung dagegen im allgemeinen nur mit Genehmigung des Vormundschaftsgerichts (§§ 1822 Ziff. 2, 1643 Abs. 2, Ausnahme in § 1643 Abs. 2 S. 2).

9. Annahme und Ausschlagung sind wie andere Willenserklärungen bei Irrtum, arglistiger Täuschung und Drohung (§§ 119, 123) anfechtbar.

Doch gelten besondere Fristen und zwar 6 Wochen evtl. 6 Monate; Fristbeginn wie sonst Erlangung der Kenntnis von dem Anfechtungsgrunde bzw Aufhören der Zwangslage (§ 1954). Vorgeschrieben ist eine besondere Form: Oeffentlich beglaubigte Erklärung gegenüber dem Nachlaßgericht (§ 1955).

Auch die Versäumung der Ausschlagungsfrist kann, obwohl keine Willenserklärung, wie die Annahme angefochten werden, da sie als Annahme gilt (§ 1956).

Die Anfechtung der Annahme gilt als Ausschlagung, die Anfechtung der Ausschlagung als Annahme (§ 1957).

IV. Die Stellung des Erben vor der Annahme der Erbschaft.

1. Vor der Annahme kann der Erbe wegen einer Nachlaßverbindlichkeit nicht gerichtlich in Anspruch genommen werden (§ 1958). Verklagt also ein Nachlaßgläubiger den vorläufigen Erben und hat dieser z. Zt. des Schlusses der mündlichen Verhandlung das Ausschlagungsrecht noch nicht verloren, so muß die Klage wegen mangelnder Passivlegitimation des vorläufigen Erben abgewiesen werden.

2. Nicht jede Besorgung erbschaftlicher Geschäfte durch den vorläufigen Erben muß Annahme der Erbschaft sein. Gehört z. B. zur Erbschaft ein Haus und läßt der vorläufige Erbe unaufschiebbare Reparaturen vornehmen, so kann er dies unbeschadet seines Ausschlagungsrechtes tun. Er muß sich aber, wenn er später die Erbschaft ausschlägt, wie ein Geschäftsführer ohne Auftrag behandeln lassen (§ 1959 Abs. 1).

3. Verfügungen des vorläufigen Erben über einen Nachlaßgegenstand werden mit der Ausschlagung zu Verfügungen eines Nichtberechtigten; sie sind also nichtig. Konnte die Verfügung aber nicht ohne Nachteil für den Nachlaß verschoben werden, so bleibt sie wirksam (§ 1959 Abs. 2).

4. Durch die mit Rückwirkung vernichtbare Stellung des vorläufigen Erben sollen aber Personen nicht benachteiligt werden, die dem Erben als solchem gegenüber ein Rechtsgeschäft vorzunehmen haben, z. B. einen mit dem Erblasser abgeschlossenen Mietsvertrag kündigen wollen. Ein solches Rechtsgeschäft bleibt, dem vorläufigen Erben gegenüber vorgenommen, auch nach der Ausschlagung wirksam (§ 1959 Abs. 3).

V. Fürsorge des Nachlaßgerichts.

1. Das Nachlaßgericht darf zur Sicherung des Nachlasses eingreifen, solange der endgültige Erbe nicht feststeht (§ 1960); das ist der Fall,

a) wenn der Erbe überhaupt unbekannt ist,

b) wenn der bekannte Erbe die Erbschaft noch nicht angenommen hat,

c) wenn es ungewiß ist, ob der bekannte Erbe die Erbschaft angenommen hat.

Das Nachlaßgericht ist in diesen Fällen zum Eingreifen nur befugt, wenn ein Bedürfnis besteht, wenn also der Nachlaß gefährdet ist.

In § 74 FGG ist ferner jedem Amtsgericht, in dessen Bezirk das Bedürfnis der Fürsorge hervortritt, z. B. ein gefährdeter Nachlaßgegenstand sich befindet, die Befugnis zur Sicherung erteilt.

2. Das Gesetz nennt Beispiele von Maßregeln, die das Nachlaßgericht anordnen kann (§ 1960 Abs. 2):

a) die Anlegung von Siegeln (Sterbewohnung und Behältnisse in der Wohnung sind zu verschließen und zu versiegeln);

b) die Hinterlegung von Geld, Wertpapieren und Kostbarkeiten;

c) die Aufnahme eines Nachlaßverzeichnisses;

d) die Bestellung eines Pflegers für den endgültigen Erben (Nachlaßpfleger).

Das Nachlaßgericht, d. h. der Nachlaßrichter, wird Siegelung, Hinterlegung und Aufnahme eines Nachlaßverzeichnisses regelmäßig nicht selbst vornehmen, sondern damit den Urkundsbeamten der Geschäftsstelle (§ 70 AG GVG), den Gerichtsvollzieher (§ 74 AG GVG), den Notar oder das Dorf- oder Ortsgericht (Art. 107, 122 ff. PrFGG) beauftragen.

3. Die Nachlaßpflegschaft ist ein Fall der in § 1913 für einen ungewissen Beteiligten vorgesehenen Pflegschaften; der Nachlaßpfleger ist Pfleger für den noch nicht feststehenden endgültigen Erben, dessen gesetzlicher Vertreter, soweit es sich um den Nachlaß handelt. Auf die Nachlaßpflegschaft finden also, wie auf die sonstigen Pflegschaften, grundsätzlich die für die Vormundschaft geltenden Vorschriften Anwendung, nur daß an die Stelle des Vormundschaftsgerichts das Nachlaßgericht tritt (§ 1962). Das Nachlaßgericht bestellt also den Nachlaßpfleger, ihm ist das Nachlaßverzeichnis einzureichen (§ 1802), seine Genehmigung ist zu genehmigungsbedürftigen Rechtsgeschäften einzuholen (§ 1822) usw.

4. Die Aufgaben des Nachlaßpflegers sind:

a) die Verwaltung des Nachlasses für den endgültigen Erben;

b) die Ermittlung des Erben, wenn dieser unbekannt ist. Zur Verwaltung des Nachlasses gehört auch die Führung von Prozessen in Ansehung des Nachlasses. Hier unterliegt der Nachlaßpfleger nicht der Beschränkung des vorläufigen Erben; er ist als gesetzlicher Vertreter des endgültigen Erben zu Prozessen in Ansehung des Nachlasses aktiv und passiv legitimiert; die Vorschrift des

§ 1958 findet auf ihn keine Anwendung (§ 1960 Abs. 3). Die in solchen Prozessen ergangenen Urteile wirken für und gegen den Erben.

5. Es gibt 2 Fälle von Nachlaßpflegschaften, die nicht der Sicherung des Nachlasses für den endgültigen Erben dienen:

a) die Bestellung eines Nachlaßpflegers im Interesse eines einzelnen Nachlaßgläubigers, der seinen Anspruch gerichtlich geltend machen will (§ 1961); auch hier ist die Pflegschaft nur bis zur Annahme der Erbschaft zulässig, da von diesem Zeitpunkt an der Prozeß gegen den Erben zu führen ist;

b) die Nachlaßpflegschaft zum Zwecke der Befriedigung der Nachlaßgläubiger, Nachlaßverwaltung genannt, die auch nach Annahme der Erbschaft angeordnet werden kann (s. folgenden Titel III 2).

Zweiter Titel

Haftung des Erben für die Nachlaßverbindlichkeiten

I. Der Erbe haftet für die Nachlaßverbindlichkeiten (§ 1967 Abs. 1).

Nachlaßverbindlichkeiten sind:

1. die vom Erblasser herrührenden Schulden (§ 1967 Abs. 2),

2. die den Erben als solchen treffenden Verbindlichkeiten (§ 1967 Abs. 2), also Verbindlichkeiten, die nicht vom Erblasser herrühren, sondern für den Erben erst aus Anlaß des Erwerbs der Erbschaft entstehen.

Als Beispiele für die zu 2 genannten Verbindlichkeiten werden im Gesetz aufgeführt:

a) Verbindlichkeiten aus Pflichtteilsrechten;

b) Verbindlichkeiten aus letztwilligen Verfügungen des Erblassers (Vermächtnisse, Auflagen).

Zu den den Erben als solchen treffenden Verbindlichkeiten gehören ferner:

c) die sog. gesetzlichen Vermächtnisse, nämlich der Voraus des Ehegatten (§ 1932) und der sog. Dreißigste (§ 1969), d. h. die Verpflichtung des Erben, den Familienangehörigen des Erblassers, die z. Zt. des Todes des Erblassers zu dessen Hausstand gehört und von ihm Unterhalt bezogen haben, in den ersten 30 Tagen nach dem Erbfall den Unterhalt in dem bisherigen Umfang weiter zu gewähren und die Benutzung von Wohnung und Haushaltsgegenständen zu gestatten;

d) die Kosten der standesmäßigen Beerdigung des Erblassers (§ 1968);

e) Verbindlichkeiten aus Geschäften des vorläufigen Erben, der die Erbschaft ausgeschlagen hat (§ 1959), des Nachlaßpflegers, des Nachlaßverwalters, des Testamentsvollstreckers, und andere.

II. Der Erbe haftet für die Nachlaßverbindlichkeiten grundsätzlich unbeschränkt, d. h. nicht nur mit dem Nachlaß, sondern mit seinem ganzen Vermögen.

Eine Beschränkung der Haftung des Erben auf den Nachlaß kann eintreten:

1. infolge von Maßnahmen des Erben oder eines Nachlaßgläubigers, nämlich:

a) Aufgebot der Nachlaßgläubiger (§ 1973);

b) Herbeiführung der Nachlaßverwaltung (§ 1975);

c) Herbeiführung des Nachlaßkonkurses (§ 1975);

2. ohne Zutun des Erben oder eines Nachlaßgläubigers, nämlich:

a) bei Geringfügigkeit des Nachlasses (§ 1990);

b) bei fünfjähriger Säumnis eines Gläubigers (§ 1974);

c) wenn die Ueberschuldung des Nachlasses auf Vermächtnissen und Auflagen beruht (§ 1992).

Die Beschränkung der Haftung des Erben auf den Nachlaß kann stattfinden:

1. einzelnen Gläubigern gegenüber; das ist der Fall:

a) nach dem Aufgebot der Nachlaßgläubiger den ausgeschlossenen Gläubigern gegenüber;

b) bei fünfjähriger Säumnis eines Gläubigers dem säumigen Gläubiger gegenüber;

c) wenn die Ueberschuldung des Nachlasses auf Vermächtnissen und Auflagen beruht, den Gläubigern gegenüber, die Ansprüche aus Vermächtnissen und Auflagen haben;

2. allen Gläubigern gegenüber; das ist der Fall:

a) bei der Nachlaßverwaltung;

b) bei dem Nachlaßkonkurs;

c) bei Geringfügigkeit des Nachlasses.

Nicht stets tritt in den genannten Fällen eine Beschränkung der Haftung des Erben auf den Nachlaß ein; sie tritt nicht ein, wenn der Erbe die Möglichkeit einer Haftungsbeschränkung verwirkt hat. Das Gesetz spricht in diesem Falle von unbeschränkter Haftung (§§ 2013 BGB, 783, 784 ZPO. usw.); besser würde es heißen unbeschränkbare Haftung oder endgültig unbeschränkte

Haftung, da der Erbe ja grundsätzlich unbeschränkt haftet. Die Verwirkung der Haftungsbeschränkung geschieht:

1. allen Gläubigern gegenüber

a) durch Versäumung der Inventarfrist (§ 1994);

b) durch Errichtung eines unrichtigen Inventars, wenn absichtlich erhebliche Nachlaßaktiven verschwiegen oder nicht bestehende Nachlaßverbindlichkeiten in der Absicht, die Nachlaßgläubiger zu benachteiligen, aufgeführt werden (§ 2005);

c) durch Verweigerung oder absichtliche Verzögerung der Auskunft über den Nachlaß, wenn das Inventar nach der Vorschrift des § 2003 aufgenommen wird (§ 2005 Abs. 1 S. 2);

2. einzelnen Nachlaßgläubigern gegenüber, wenn sie vom Erben den Offenbarungseid hinsichtlich der Vollständigkeit des Nachlaßinventars verlangt haben und der Erbe diesen Eid verweigert hat (§ 2006).

Ein Erbe kann auch Nachlaßgläubigern gegenüber vertraglich auf die Geltendmachung der Haftungsbeschränkung verzichten. Besonders zu betonen ist, daß durch die Errichtung eines Nachlaßinventars die Beschränkung der Haftung nicht herbeigeführt werden kann.

III. Die einzelnen Fälle der Haftungsbeschränkung.

1. Das Aufgebot der Nachlaßgläubiger (§§ 1970 ff.).

a) Aufgebot der Nachlaßgläubiger ist die öffentliche gerichtliche Aufforderung an die Gläubiger, ihre Forderungen gegen den Nachlaß dem Gericht anzumelden (§§ 946 ff., 989 ff. ZPO). Aufgebotsgericht ist das Amtsgericht, das als Nachlaßgericht zuständig ist (§ 990 ZPO).

b) Das Recht, das Aufgebot der Nachlaßgläubiger zu beantragen, hat der Erbe (§ 991 ZPO), ferner ein Nachlaßpfleger und ein Testamentsvollstrecker, wenn ihm die Verwaltung des Nachlasses zusteht (§ 991 Abs. 2 ZPO, s. auch §§ 999 f. ZPO).

c) Der Ausschluß der sich im Aufgebotsverfahren nicht meldenden Gläubiger hat zur Folge, daß der Erbe diesen Gläubigern gegenüber nur beschränkt nach Maßgabe folgender Bestimmungen haftet:

aa) der Erbe braucht einen ausgeschlossenen Gläubiger nur zu befriedigen, wenn der Wert des Nachlasses die nicht ausgeschlossenen Forderungen übersteigt (§ 1973 Abs. 1 S. 1);

bb) in Höhe des Ueberschusses muß der Erbe die Zwangsvollstreckung in den Nachlaß dulden, wenn er es nicht vorzieht, die ausgeschlossenen Gläubiger in Höhe des Ueberschusses in Geld abzufinden (§ 1973 Abs. 2 S. 1 u. 2);

cc) der Umfang, in dem der Erbe den ausgeschlossenen Gläubigern haftet, steht nicht ein für alle Mal fest, denn der Erbe haftet ihnen mit dem Ueberschuß des Nachlasses über die nicht ausgeschlossenen Forderungen nur nach den Vorschriften über die Herausgabe einer ungerechtfertigten Bereicherung (§ 1973 Abs. 2 S. 1).

Verlust oder Entwertung von Nachlaßgegenständen vermindern also den Umfang der Haftung, aber auch jede Ausgabe aus Anlaß des Erbschaftserwerbs, selbst wenn sie nicht notwendig war (z. B. die Kosten einer Badereise, die der Erbe ohne den Anfall der Erbschaft nicht gemacht hätte). Erlangt der Erbe aber Kenntnis von der ausgeschlossenen Forderung, so haftet er von diesem Zeitpunkt an dem ausgeschlossenen Gläubiger für die Erhaltung des Nachlasses nach den allgemeinen Vorschriften, d. h. für jedes Verschulden (§ 819); von nun an mindert also nur schuldloser Verlust von Nachlaßgegenständen usw. den Umfang der Haftung.

dd) Auch der ausgeschlossene Gläubiger ist vor den Verbindlichkeiten aus Pflichtteilsrechten, Vermächtnissen und Auflagen zu befriedigen, es sei denn, daß er seine Forderung erst nach der Berichtigung dieser Verbindlichkeiten geltend macht (§ 1973 Abs. 1 S. 2).

ee) In welcher Reihenfolge der Erbe die ausgeschlossenen Gläubiger befriedigen will, steht in seinem Belieben. Ist er zur Befriedigung eines ausgeschlossenen Gläubigers rechtskräftig verurteilt worden, so wirkt das einem anderen ausgeschlossenen Gläubiger gegenüber wie die Befriedigung, d. h. der Erbe kann den Nachlaßüberschuß, soweit er zur Befriedigung der Urteilsforderung benötigt wird, zurückhalten, er braucht ihn den übrigen ausgeschlossenen Gläubigern nicht herauszugeben (§ 1973 Abs. 2 S. 3).

d) Von dem Aufgebot werden nicht betroffen:

aa) Gläubiger, die wegen ihrer Forderungen dinglich gesichert sind oder im Konkurs oder der Zwangsvollstreckung in das unbewegliche Vermögen dinglich gesicherten Gläubigern gleichstehen (§§ 1971 BGB, 49 KO, 10 ZVG), also vor allem Pfandgläubiger, Hypotheken- und Grundschuldgläubiger, ferner Vormerkungsberechtigte (§ 883) und Aussonderungsberechtigte (§ 43 KO). Diese Einschränkung gilt nur insoweit, als es sich um die Befriedigung aus den den genannten Gläubigern haftenden Gegenständen handelt.

bb) Gläubiger aus Pflichtteilsrechten, Vermächtnissen und Auflagen (§ 1972); sie gehen ohnehin sogar den ausgeschlossenen Gläubigern nach (§ 1973 Abs. 1 S. 2), nur hinsichtlich der Haftungsteilung unter den Miterben ist auch für Pflichtteilsrechte usw. das Aufgebot von Bedeutung (§§ 1972, 2060 Nr. 1).

e) Aus dem Zweck des Aufgebots, die Beschränkung der Haftung den ausgeschlossenen Gläubigern gegenüber herbeizuführen, ergibt sich, daß der Erbe das Aufgebot nicht mehr beantragen kann, wenn er allen Gläubigern gegenüber in unbeschränkbare Haftung geraten ist (§ 991 Abs. 1 ZPO); Nachlaßpfleger usw. können aber auch in diesem Falle das Aufgebot beantragen.

f) Das Aufgebot ist auch den Gläubigern gegenüber wirksam, die der Erbe kennt; auch diese Gläubiger müssen also zur Vermeidung des Ausschlusses ihre Forderungen anmelden.

2. Fünfjährige Säumnis eines Gläubigers.

Macht ein Nachlaßgläubiger seine Forderung nicht innerhalb von 5 Jahren seit dem Erbfall dem Erben gegenüber geltend, so steht er einem ausgeschlossenen Gläubiger gleich, es sei denn, daß die Forderung dem Erben innerhalb der fünfjährigen Frist bekanntgeworden oder daß sie im Aufgebotsverfahren angemeldet worden ist (§ 1974 Abs. 1). Dinglich gesicherten Gläubigern, Vormerkungs- und Aussonderungsberechtigten schadet die fünfjährige Säumnis ebenso wenig wie die Nichtanmeldung im Aufgebotsverfahren, soweit es sich um die Befriedigung aus den ihnen haftenden Gegenständen, um die Geltendmachung des Rechts aus der Vormerkung oder des Aussonderungsrechts handelt (§ 1974 Abs. 3). Betroffen von den in § 1974 Abs. 1 angeordneten Folgen fünfjähriger Säumnis werden aber die Gläubiger von Pflichtteilsansprüchen, von Vermächtnissen und Auflagen; das ist für sie nur für ihr Verhältnis untereinander von Bedeutung (§§ 1974 Abs. 2 BGB, 226 Abs. 4 KO).

3. Nachlaßverwaltung.

a) Natur der Nachlaßverwaltung.

Auch die Nachlaßverwaltung wird vom Gesetz als Pflegschaft angesehen (§ 1975), auch der Nachlaßverwalter ist also hinsichtlich des Nachlasses gesetzlicher Vertreter des hier allerdings u. U. bekannten Erben; es finden die Vorschriften über die Vormundschaft entsprechende Anwendung (Genehmigungsbedürftigkeit gewisser Geschäfte, Rechnungslegung usw.). An die Stelle des Vormundschaftsgerichts tritt wiederum das Nachlaßgericht (§ 1962).

b) Antragsrecht.

Die Nachlaßverwaltung dient sowohl dem Interesse des Erben, da sie die Beschränkung seiner Haftung herbeiführt (§ 1975), wie auch dem der Nachlaßgläubiger, da sie die sonstigen Gläubiger des Erben von der Befriedigung aus dem Nachlaß ausschließt (§§ 1984 Abs. 2 BGB, 784 Abs. 2 ZPO). Das Recht, die Nachlaßverwaltung zu beantragen, hat daher sowohl der Erbe wie jeder Nachlaßgläubiger. Für die Anordnung der Nachlaßverwaltung ist das Nachlaßgericht zuständig.

aa) Der Erbe kann die Anordnung der Nachlaßverwaltung beantragen, solange er nicht allen Gläubigern gegenüber in unbeschränkbare Haftung geraten ist (§§ 1981 Abs. 1, 2013 Abs. 1 S. 1, Abs. 2).

Das Antragsrecht des Erben ist zeitlich unbeschränkt. Mehrere Erben können Nachlaßverwaltung nur gemeinschaftlich und nur, solange der Nachlaß ungeteilt ist, beantragen (§ 2062).

bb) Ein Nachlaßgläubiger kann die Nachlaßverwaltung nur innerhalb von 2 Jahren seit Annahme der Erbschaft und nur dann beantragen, wenn die Befriedigung der Nachlaßgläubiger aus dem Nachlaß gefährdet wird, sei es durch das Verhalten des Erben oder durch seine Vermögenslage (§ 1981 Abs. 2). Das Antragsrecht der Nachlaßgläubiger wird nicht dadurch ausgeschlossen, daß der Erbe in unbeschränkbare Haftung geraten ist.

cc) Die Anordnung der Nachlaßverwaltung kann abgelehnt werden, wenn eine den Kosten entsprechende Masse nicht vorhanden ist (§ 1982).

c) Absonderung des Nachlasses.

Die Nachlaßverwaltung hat zum Zweck die Befriedigung der Nachlaßgläubiger aus dem Nachlaß; es muß also der Nachlaß von dem sonstigen Vermögen des Erben abgesondert werden. Daraus ergibt sich:

aa) Die infolge des Erbfalls durch Vereinigung von Recht und Verbindlichkeit oder von Recht und Belastung erloschenen Rechtsverhältnisse gelten mit Anordnung der Nachlaßverwaltung als nicht erloschen (§ 1976).

Z. B.: Der Erblasser hatte eine Darlehnsforderung gegen den Erben; der Nachlaßverwalter kann von dem Erben Rückzahlung des Darlehns verlangen.

bb) Hat ein Gläubiger, der nicht Nachlaßgläubiger ist, die ihm gegen den Erben zustehende Forderung gegen eine zum Nachlaß gehörende Forderung aufgerechnet, so ist mit der Anordnung der Nachlaßverwaltung die Aufrechnung als nicht erfolgt anzusehen (§ 1977 Abs. 2).

cc) Umgekehrt ist im Interesse der Haftungsbeschränkung des Erben angeordnet, daß die Aufrechnung, die ein Nachlaßgläubiger ohne Zustimmung des Erben gegen eine Forderung des Erben erklärt hat, die nicht Nachlaßforderung ist, mit der Anordnung der Nachlaßverwaltung als nicht erfolgt anzusehen ist (§ 1977 Abs. 1).

dd) Der Erbe ist den Nachlaßgläubigern für die Verwaltung des Nachlasses bis zur Anordnung der Nachlaßverwaltung verantwortlich, und zwar für die Zeit vor der Annahme der Erbschaft nach den Vorschriften über die Geschäftsführung ohne Auftrag, für die Zeit nach der Annahme nach den Vorschriften über den Auftrag (§ 1978). Er haftet also für jedes Verschulden und hat zum Nachlaß Ersatz zu leisten, wenn er schuldhaft den Nachlaß vermindert hat, kann aber u. U. Ersatz seiner Aufwendungen aus dem Nachlaß verlangen (§ 1978 Abs. 3).

ee) Die Berichtigung einer Nachlaßverbindlichkeit durch den Erben müssen die Nachlaßgläubiger als für Rechnung des Nachlasses erfolgt gelten lassen, wenn der Erbe den Umständen nach annehmen durfte, daß der Nachlaß zur Berichtigung aller Nachlaßverbindlichkeiten ausreiche (§ 1979).

ff) Zwangsvollstreckungen, auch solche aus Arrestbefehlen, in den Nachlaß zu Gunsten eines Gläubigers, der nicht Nachlaßgläubiger ist, sind ausgeschlossen (§ 1984 Abs. 2), vor der Anordnung der Nachlaßverwaltung bereits erfolgte Zwangsvollstreckungen sind auf Antrag des Verwalters aufzuheben (§§ 784 Abs. 2, 785 ZPO). Umgekehrt kann auch der Erbe verlangen, daß Zwangsvollstreckungen wegen Nachlaßverbindlichkeiten in sein Vermögen außer dem Nachlaß aufgehoben werden (§ 784 Abs. 1 ZPO).

d) Durchführung der Nachlaßverwaltung.

aa) Die Anordnung der Nachlaßverwaltung ist vom Nachlaßgericht durch das für seine Bekanntmachungen bestimmte Blatt zu veröffentlichen (§ 1983).

bb) Mit der Anordnung der Verwaltung verliert der Erbe die Befugnis, den Nachlaß zu verwalten und über ihn zu verfügen (§ 1984 Abs. 1 S. 1). Seine Verfügungen sind den

Nachlaßgläubigern gegenüber unwirksam (§§ 1984 Abs. 1 S. 2 BGB, 7 KO). Die Vorschriften über den gutgläubigen Erwerb beweglicher Sachen finden keine Anwendung, wohl aber die Vorschriften über den öffentlichen Glauben des Grundbuchs (§§ 7 Abs. 1 KO, 892, 893 BGB.); darum muß der Nachlaßverwalter beantragen, daß die Anordnung der Nachlaßverwaltung in das Grundbuch eines Nachlaßgrundstücks eingetragen werde.

Ein Nachlaßschuldner kann nach Anordnung der Nachlaßverwaltung grundsätzlich nicht mehr mit befreiender Wirkung an den Erben leisten (§ 8 Abs. 1 KO); er wird nur befreit, wenn seine Leistung doch in den Nachlaß gelangt, ferner u. U., wenn ihm die Anordnung der Nachlaßverwaltung nicht bekannt war (§ 8 Abs. 1 u. 2 KO).

cc) Die Verwaltung des Nachlasses wird von dem vom Nachlaßgericht zu bestellenden Nachlaßverwalter geführt. Dieser ist unter Ausschluß des Erben verfügungsberechtigt; er hat die Nachlaßgläubiger aus dem Nachlaß zu befriedigen (§ 1985); er darf aber einen Nachlaßgläubiger nur befriedigen, solange er annehmen darf, daß der Nachlaß zur Befriedigung aller ausreicht (§§ 1985 Abs. 2, 1979); sobald er erkennt, daß dies nicht der Fall ist, muß er Nachlaßkonkurs beantragen.

Ein Anspruch, der sich gegen den Nachlaß richtet, kann nur gegen den Nachlaßverwalter geltend gemacht werden (§ 1984 Abs. 1 S. 3).

Der Nachlaßverwalter ist für die Verwaltung des Nachlasses nicht nur dem Erben (§ 1833 Abs. 1 S. 1), sondern auch den Nachlaßgläubigern verantwortlich; die Ansprüche gegen ihn gehören zum Nachlaß (§§ 1985 Abs. 2, 1978 Abs. 2).

e) Ende der Nachlaßverwaltung.

aa) Die Nachlaßverwaltung endigt ohne weiteres mit der Eröffnung des Nachlaßkonkurses.

bb) Im übrigen endet die Nachlaßverwaltung erst mit der Aufhebung durch das Nachlaßgericht. Die Aufhebung hat zu erfolgen, wenn alle bekannten Nachlaßgläubiger befriedigt sind, da damit der Grund für die Anordnung der Nachlaßverwaltung weggefallen ist (§ 1919). Die Aufhebung kann erfolgen, wenn eine den Kosten entsprechende Masse nicht vorhanden ist.

Vor Aufhebung der Nachlaßverwaltung darf der Nachlaßverwalter den Nachlaß dem Erben nur herausgeben, wenn die bekannten Nachlaßgläubiger befriedigt, evtl. wenn ihnen Sicherheit geleistet ist (§ 1986 Abs. 1 u. 2).

f) Haftung des Erben nach Aufhebung der Nachlaßverwaltung.

Den während der Nachlaßverwaltung nicht befriedigten Gläubigern haftet der Erbe so, wie wenn eine Nachlaßverwaltung nicht stattgefunden hätte; er kann erneut Nachlaßverwaltung beantragen.

4. Nachlaßkonkurs.

a) Die Eröffnung des Nachlaßkonkurses setzt die Ueberschuldung des Nachlasses voraus (§ 215 KO). Erbe, Nachlaßverwalter und sonstiger Nachlaßpfleger sind bei Ueberschuldung verpflichtet, unverzüglich die Konkurseröffnung zu beantragen (§§ 1980, 1985 Abs. 2).

b) Antragsberechtigt sind (§ 217 KO):

aa) Der Erbe, auch wenn er unbeschränkt haftet. Bei Vorhandensein mehrerer Erben ist jeder für sich allein antragsberechtigt (§ 217 Abs. 2 KO) und ist die Eröffnung des Verfahrens auch nach der Nachlaßteilung zulässig (§ 216 Abs. 2 KO).

bb) Der Nachlaßverwalter, der sonstige Nachlaßpfleger und der Testamentsvollstrecker, dem die Verwaltung des Nachlasses zusteht (§ 217 Abs. 1 KO).

cc) Jeder Nachlaßgläubiger, aber nur innerhalb von 2 Jahren seit Annahme der Erbschaft (§§ 217, 220 KO, s. ferner § 219 KO).

c) Durch die Eröffnung des Konkursverfahrens wird der Nachlaß von dem übrigen Vermögen des Erben ebenso abgesondert, wie durch die Anordnung der Nachlaßverwaltung (§§ 1976—1979, 2013).

Das Recht, den Nachlaß zu verwalten und über ihn zu verfügen, geht auf den Konkursverwalter über (§ 6 KO).

Die Befriedigung der Nachlaßgläubiger erfolgt nach den Vorschriften der Konkursordnung (s. insbesondere §§ 224, 226 KO).

d) Ist der Nachlaßkonkurs durch Verteilung der Masse oder durch Zwangsvergleich beendigt, so bleibt die Beschränkung der Haftung des Erben bestehen; er haftet den Nachlaßgläubigern wie nach durchgeführtem Aufgebotverfahren (§ 1989).

5. Beschränkte Haftung bei Geringfügigkeit des Nachlassses.

a) Die Haftung des Erben beschränkt sich ohne weiteres auf den Nachlaß, wenn dieser so geringfügig ist, daß er durch die Kosten einer Nachlaßverwaltung oder eines Nachlaßkonkurses ganz oder doch im wesentlichen aufgezehrt würde (§ 1990). Beruft sich der Erbe in diesem Falle einem Nachlaßgläubiger gegenüber auf die Haftungsbeschränkung, so ist er verpflichtet, den Nachlaß dem Gläubiger zum Zwecke der Befriedigung im Wege der Zwangsvollstreckung zur Verfügung zu stellen (§ 1990 Abs. 1 S. 2).

Das Recht, sich den Nachlaß durch Zahlung des Wertes zu erhalten, hat der Erbe hier nicht. Er haftet den Nachlaßgläubigern für die Verwaltung des Nachlasses nach den Vorschriften des Auftrages bzw. der Geschäftsführung ohne Auftrag (§§ 1991 Abs. 1, 1978) und nicht nur nach den Vorschriften über die Herausgabe einer ungerechtfertigten Bereicherung. Befriedigt der Erbe freiwillig aus eigenen Mitteln einen Nachlaßgläubiger, so gilt § 1979 (§ 1991 Abs. 1).

b) Rechte, die infolge des Erbfalls durch Vereinigung von Recht und Verbindlichkeit oder von Recht und Belastung untergegangen sind, gelten im Verhältnis zu den Nachlaßgläubigern als noch bestehend (§ 1991 Abs. 2).

c) Ist der Erbe zur Befriedigung eines Nachlaßgläubigers rechtskräftig verurteilt, so braucht er einem anderen Gläubiger den Nachlaß nur herauszugeben, soweit er nicht zur Begleichung der Urteilsforderung gebraucht wird (§ 1991 Abs. 3).

d) Ansprüche aus Pflichtteilsrechten, Vermächtnissen und Auflagen hat der Erbe wie im Konkurse zu befriedigen, also nach den übrigen Ansprüchen, Pflichtteilsansprüche aber vor Vermächtnissen und Auflagen (§§ 1991 Abs. 4 BGB, 226 Abs. 2 KO). Im übrigen besteht keine Rangfolge der Gläubiger.

e) Hat ein Nachlaßgläubiger in das Privatvermögen des Erben vollstreckt, so kann der Erbe die Aufhebung der Vollstreckung verlangen (§ 1990 Abs. 2).

6. Beschränkung der Haftung bei Ueberschuldung infolge von Vermächtnissen und Auflagen.

Beruht die Ueberschuldung des Nachlasses auf Vermächtnissen und Auflagen, so haftet der Erbe diesen Gläubigern gegenüber ohne Herbeiführung des Nachlaßkonkurses auch bei größerem Nachlaß nur beschränkt (§§ 1992, 1990, 1991). Der Erbe braucht also die Gläubiger aus Vermächtnissen und Auflagen nur aus dem zu befriedigen, was nach Befriedigung der sonstigen Gläubiger vom Nachlaß übrig bleibt, er kann sogar die Herausgabe des Nachlaßüberschusses durch Zahlung des Wertes abwenden (§ 1992 S. 2).

Die Vergünstigung aus § 1992 können die Gläubiger aus Vermächtnissen und Auflagen dem Erben nicht dadurch nehmen, daß sie ihrerseits Konkurs beantragen; dieses Recht haben sie nur, wenn der Erbe selbst in Konkurs geraten ist (§ 219 KO).

7. Geltendmachung der Haftungsbeschränkung in der Zwangsvollstreckung.

Die Haftungsbeschränkung des Erben ist im Zwangsvollstreckungsverfahren nicht von Amts wegen zu berücksichtigen, sie muß vielmehr vom Erben geltend gemacht werden, und zwar im Wege der Klage (§§ 781, 785 ZPO). Hat also ein Nachlaßgläubiger in das Privatvermögen des Erben vollstreckt und gibt er nicht freiwillig die gepfändeten Sachen frei, so muß ihn der Erbe auf Freigabe verklagen.

Der Erbe kann aber die Beschränkung der Haftung nur geltend machen, wenn sie ihm im Urteil vorbehalten ist; er muß also schon im Prozeß die Beschränkung seiner Haftung vorbringen (§ 780 Abs. 1 ZPO). Nur wenn der Fiskus als gesetzlicher Erbe oder ein Nachlaßverwalter, ein Nachlaßpfleger oder ein Testamentsvollstrecker verurteilt wird, ist der Vorbehalt nicht erforderlich (§ 780 Abs. 2 ZPO), obwohl das Urteil gegen Nachlaßverwalter und Nachlaßpfleger stets, gegen einen Testamentsvollstrecker u. U. (§ 327 Abs. 2 ZPO) für und gegen den Erben wirkt.

8. Inventarerrichtung und unbeschränkbare Haftung des Erben.

Die Errichtung eines Nachlaßinventars dient nach BGB nicht der Herbeiführung der beschränkten Erbenhaftung, sie ist nur u. U. erforderlich, um den Eintritt der unbeschränkbaren Haftung zu vermeiden.

a) Inventarerrichtung ist nicht jede private Aufzeichnung des Nachlasses durch den Erben, sondern die Einreichung eines in bestimmter Form aufgenommenen Nachlaßverzeichnisses bei dem Nachlaßgericht (§§ 1993, 2001 ff.).

Für den Inhalt des Inventars gilt die Vorschrift des § 2001: Anzugeben sind die bei Eintritt des Erbfalls vorhandenen Nachlaßgegenstände und die z. Zt. der Inventarerrichtung vorhandenen Nachlaßverbindlichkeiten, und zwar natürlich vollständig. Anzugeben ist auch der Wert der Nachlaßgegenstände, die zu beschreiben sind, soweit dies zur Bestimmung des Wertes erforderlich ist.

Hinsichtlich der Form des Inventars ist vorgeschrieben, daß der Erbe zu der Aufnahme eine zuständige Behörde oder einen zuständigen Beamten oder Notar (nach Pr FGG Art. 31 sind zuständig Amtsgerichte und Notare) zuziehen muß (§ 2002). Der

Erbe kann aber auch bei dem Nachlaßgericht den Antrag stellen, daß dieses das Inventar selbst aufnimmt oder die Aufnahme einer zuständigen Behörde oder einem zuständigen Beamten oder Notar überträgt (§ 2003). In diesem Falle ist er verpflichtet, die erforderliche Auskunft zu erteilen; das Inventar wird von der Behörde usw. dem Nachlaßgericht eingereicht (§ 2003 Abs. 3).

Nach Pr FGG Art. 108 kann das Nachlaßgericht z. B. ein Dorfgericht, nach Pr AG GVG Art. 70, 74 Urkundsbeamte der Geschäftsstelle oder Gerichtsvollzieher mit der Aufnahme des Verzeichnisses beauftragen.

Bezugnahme auf ein schon vorhandenes vorschriftsmäßiges Inventar ist zulässig (§ 2004).

b) Der Erbe ist jederzeit berechtigt, ein Inventar zu errichten, d. h. bei dem Nachlaßgericht einzureichen (§ 1993). Hierzu verpflichtet ist er nicht; ein Nachlaßgläubiger kann also von dem Erben nicht die Errichtung eines Inventars verlangen. Auf Antrag eines Nachlaßgläubigers, der seine Forderung glaubhaft zu machen hat, hat aber das Nachlaßgericht dem Erben eine Frist zur Errichtung des Inventars zu bestimmen (§ 1994), und nunmehr kann der Erbe bei nicht rechtzeitiger oder nicht gehöriger Errichtung des Inventars in unbeschränkbare Haftung verfallen.

Dies geschieht:

aa) Wenn der Erbe das Inventar nicht innerhalb der ihm bestimmten Frist errichtet (§ 1994 Abs. 1 S. 2). Er muß also das Inventar, wenn er es selbst nach § 2002 aufnimmt, innerhalb der Frist dem Nachlaßgericht einreichen, läßt er es durch das Nachlaßgericht bzw. die von diesem bestellte Behörde usw. aufnehmen, muß er den entsprechenden Antrag innerhalb der Frist stellen (§ 2003 Abs. 1 S. 2).

Die Inventarfrist soll mindestens einen Monat, höchstens drei Monate betragen, sie beginnt mit der Zustellung des entsprechenden Beschlusses des Nachlaßgerichts, nicht aber vor Annahme der Erbschaft, und kann auf Antrag verlängert werden (§ 1995). Bei schuldloser Versäumung der Frist infolge höherer Gewalt hat der Erbe das Recht, die Bestimmung einer neuen Inventarfrist zu verlangen (§ 1996). Ueber die Fristen im einzelnen s. §§ 1996 Abs. 2, 1997f.

bb) Wenn der Erbe absichtlich ein unrichtiges Inventar einreicht, um den Nachlaß wertloser erscheinen zu lassen, als er ist, sei es, daß er in erheblichem Umfang Nachlaßgegenstände verschweigt, sei es, daß er in Wirklichkeit nicht bestehende Nachlaßverbindlichkeiten aufführt (§ 2005).

Im letzten Fall ist erforderlich die Absicht, die Nachlaßgläubiger zu benachteiligen. Wird das Inventar durch das Nachlaßgericht usw. gemäß § 2003 aufgenommen, so genügt die absichtlich falsche Auskunftserteilung und dadurch herbeigeführte Unrichtigkeit des Inventars; dem steht gleich die Verweigerung der Auskunft oder die absichtliche erhebliche Verzögerung (§ 2005 Abs. 1 S. 2).

c) Auch wenn der Erbe das Inventar rechtzeitig und gehörig errichtet hat, kann er einem einzelnen Nachlaßgläubiger gegenüber in unbeschränkbare Haftung fallen. Er ist nämlich vom Nachlaßgericht auf Verlangen eines Nachlaßgläubigers zum Offenbarungseid zu laden; dieser geht dahin, daß der Erbe die Nachlaßaktiven vollständig angegeben habe. Verweigert der Erbe den Eid oder versäumt er zwei Termine ohne genügenden Grund, so haftet er dem Gläubiger, auf dessen Antrag er geladen worden ist, unbeschränkbar (§ 2006).

9. Aufschiebende Einreden.

Bis zur Annahme der Erbschaft ist der Erbe gegen eine Inanspruchnahme durch die Nachlaßgläubiger durch die Vorschrift des § 1958 geschützt. Nach der Annahme steht ihm eine Zeitlang noch ein Leistungsverweigerungsrecht zu; er soll Zeit haben zu prüfen, ob er die Berichtigung der Nachlaßverbindlichkeiten ohne Gefahr (s. § 1979) selbst vornehmen kann oder Nachlaßverwaltung bzw. -konkurs beantragen muß.

a) Der Erbe kann die Berichtigung einer Nachlaßverbindlichkeit bis zum Ablauf der ersten drei Monate nach Annahme der Erbschaft verweigern, jedoch nicht über die Errichtung des Inventars hinaus (§ 2014).

b) Auch über die in a) genannte Frist hinaus steht dem Erben während eines schwebenden Aufgebotsverfahrens ein Leistungsverweigerungsrecht zu, sofern er den Antrag auf Erlaß des Aufgebots der Nachlaßgläubiger innerhalb eines Jahres nach Annahme der Erbschaft gestellt hat (§ 2015).

c) Nach § 1958 ist eine Verurteilung des vorläufigen Erben ausgeschlossen, er ist nicht passiv legitimiert. Die aufschiebenden Einreden der §§ 2014, 2015 hindern dagegen die Verurteilung des Erben nicht; werden sie geltend gemacht, so wird der Erbe trotzdem verurteilt, aber nur unter Vorbehalt der Beschränkung seiner Haftung (§ 305 ZPO). Der Erbe kann dann auf Grund der Einreden der §§ 2014, 2015 verlangen, daß die Zwangsvollstreckung auf solche Maßnahmen beschränkt wird, die zur Vollziehung eines Arrestes zulässig sind (§ 782 ZPO), also nicht bis zur Befriedigung des Gläubigers durchgeführt wird (§§ 930—932 ZPO).

Verzug des Erben wird durch die Einreden der §§ 2014, 2015 ausgeschlossen.

d) Die aufschiebenden Einreden stehen dem Erben nicht zu

aa) wenn er unbeschränkbar haftet (§ 2016 Abs. 1);

bb) dinglich gesicherten und ihnen in § 1971 gleichgestellten Gläubigern gegenüber, soweit es sich um den Gegenstand des dinglichen Rechts handelt (§ 2016 Abs. 2);

cc) dem Anspruch aus § 1969 gegenüber entsprechend dem Zweck dieser Vorschrift.

Dritter Titel

Erbschaftsanspruch

I. Der wahre Erbe kann von demjenigen, der unter Berufung auf ein in Wirklichkeit nicht vorhandenes Erbrecht etwas aus der Erbschaft erlangt hat, dem Erbschaftsbesitzer, die Herausgabe des Erlangten verlangen (§ 2018). Der Erbschaftsanspruch richtet sich ferner gegen den, der als Erbschaftskäufer von dem falschen Erben Erbschaftsgegenstände erworben hat (§ 2030).

II. Der Erbschaftsanspruch geht nicht nur auf das von dem Erbschaftsbesitzer aus der Erbschaft ursprünglich Erlangte, sondern auch auf das, was der Erbschaftsbesitzer mit Mitteln der Erbschaft durch Rechtsgeschäft erworben hat (§ 2019).

Der Erbschaftsanspruch umfaßt weiterhin die gezogenen Nutzungen (§§ 2020, 100).

Dem Erbschaftsanspruch gegenüber kann sich der Erbschaftsbesitzer auf die Ersitzung einer Sache nicht berufen, solange nicht der Anspruch verjährt ist (§ 2026).

Ist der Erbschaftsbesitzer zur Herausgabe außerstande, so hat er den Wert zu ersetzen, soweit er noch bereichert ist (§ 2021). Verschärfte Haftung tritt ein bei Rechtshängigkeit, Bösgläubigkeit, Erwerb durch strafbare Handlung oder verbotene Eigenmacht (§§ 2023 ff., 987, 989).

III. Der Erbschaftsbesitzer braucht die zur Erbschaft gehörenden Sachen nur herauszugeben, wenn ihm der Erbe alle Verwendungen ersetzt, die er auf einzelne Erbschaftsgegenstände oder auf die Erbschaft im ganzen, z. B. durch Berichtigung einer Nachlaßverbindlichkeit, gemacht hat (§ 2022 in Vbdg. mit §§ 1000—1003).

Für Verwendungen nach Eintritt der Rechtshängigkeit usw. kann der Erbschaftsbesitzer Anspruch auf Ersatz nur noch beschränkt geltend machen (§§ 2023 Abs. 2, 2024, 2025, 994 Abs. 2, 996).

IV. Der Erbe kann gegen den Besitzer von Erbschaftsgegenständen auch die Ansprüche geltend machen, die ihm hinsichtlich der einzelnen Erbschaftsgegenstände zustehen, z. B. die Herausgabe einer Sache auf Grund Eigentums nach § 985 verlangen. Die Haftung des Erbschaftsbesitzers, der von dem Erben mit solchen Einzelansprüchen belangt wird, bestimmt sich aber nach den Vorschriften über den Erbschaftsanspruch (§ 2029).

Das ist von Bedeutung für den Anspruch des Erbschaftsbesitzers auf Ersatz von Verwendungen; gegenüber dem Eigentumsherausgabeanspruch kann der Schuldner nur Verwendungen auf die herausverlangte Sache ersetzt verlangen, gegenüber dem Erbschaftsanspruch aber auch Verwendungen auf andere Erbschaftsgegenstände oder auf die Erbschaft im ganzen.

V. Die Ansprüche des Erben auf Auskunft.

1. Der Erbe hat gegen den Erbschaftsbesitzer einen Anspruch auf Auskunft über den Bestand der ganzen Erbschaft und über den Verbleib der Erbschaftsgegenstände (§ 2027).

Der Erbschaftsbesitzer muß also dem Erben ein Verzeichnis des Nachlasses vorlegen (§ 260 Abs. 1) und u. U. den Offenbarungseid hinsichtlich der Vollständigkeit des Verzeichnisses leisten (§ 260 Abs. 2).

Die gleiche Verpflichtung hat auch derjenige, der vor tatsächlicher Besitzergreifung durch den Erben eine Nachlaßsache in Besitz nimmt, ohne sich auf ein angebliches Erbrecht zu berufen (§ 2027 Abs. 2), und der, dem ein unrichtiger Erbschein erteilt ist (§ 2362 Abs. 2).

2. Personen, die sich z. Zt. des Erbfalls mit dem Erblasser in häuslicher Gemeinschaft befunden haben (Dienstboten, Krankenpfleger, Besuch), haben darüber Auskunft zu geben, welche erbschaftlichen Geschäfte (z. B. Beerdigung) sie geführt haben, und was ihnen über den Verbleib der Erbschaftsgegenstände bekannt ist (§ 2028).

VI. Wird eine Person zu Unrecht für tot erklärt oder ihr Tod ohne Todeserklärung zu Unrecht angenommen, so kann sie von demjenigen, der ihr Vermögen als Erbe in Besitz genommen hat, Herausgabe nach den Vorschriften über den Erbschaftsanspruch verlangen (§ 2031).

Vierter Titel

Mehrheit von Erben

I. Verfügungsbefugnis hinsichtlich des Nachlasses und der einzelnen Nachlaßgegenstände.

Hinterläßt der Erblasser mehrere Erben, so wird der Nachlaß gemeinschaftliches Vermögen der Erben (§ 2032 Abs. 1), und zwar bilden die Erben eine Gemeinschaft zur gesamten Hand, d. h. sie können über die einzelnen Nachlaßgegenstände nur gemeinschaftlich verfügen (§ 2040 Abs. 1), auch kann ein Miterbe nicht allein über seinen Anteil an einem Nachlaßgegenstand verfügen (§ 2033 Abs. 2). Im Gegensatz zu den anderen Gesamthandgemeinschaften (Gesellschaftsvermögen, § 719, Gesamtgut bei den ehelichen Gütergemeinschaften, §§ 1442, 1519, 1549) kann ein Miterbe aber über seinen Anteil an dem Nachlaß im ganzen verfügen (§ 2033 Abs. 1). Ein solcher Vertrag bedarf der gerichtlichen oder notariellen Beurkundung (§ 2033 Abs. 1 S. 2), wie auch der obligatorische Vertrag, durch den der Miterbe seinen Erbanteil verkauft (§ 2371).

Durch den Vertrag nach § 2033 Abs. 1 tritt der Erwerber ohne weiterers, ohne Uebereignung der einzelnen Nachlaßsachen, ohne Abtretungserklärung hinsichtlich der einzelnen Nachlaßforderungen usw., in die Stellung des veräußernden Miterben ein.

Verkauft ein Miterbe seinen Anteil an einen Nichtmiterben, so sind die übrigen Miterben zum Vorkauf berechtigt (§§ 2034 ff.).

II. Verwaltung des Nachlasses.

1. Die Verwaltung des Nachlasses steht den Miterben nur gemeinschaftlich zu.

Jeder Verwaltungshandlung, z. B. der Verpachtung eines Nachlaßgrundstücks, müssen also grundsätzlich alle Erben zustimmen (§ 2038 Abs. 1 S. 1); doch ist jeder Miterbe verpflichtet, zu Maßregeln mitzuwirken, die zur ordnungsmäßigen Verwaltung erforderlich sind (§ 2038 Abs. 1 S. 2). Die zur Erhaltung einzelner Nachlaßgegenstände notwendigen Maßregeln kann aber jeder Miterbe allein mit bindender Wirkung für die anderen treffen (§ 2038 Abs. 1 S. 2). Weitere Einzelheiten in §§ 2038 Abs. 2, 743, 745, 746, 748.

2. Ein Nachlaßschuldner darf nur an alle Erben gemeinschaftlich leisten und entsprechend jeder Miterbe nur Leistung an alle Erben, gegebenenfalls Hinterlegung oder Ablieferung zur Verwahrung für alle Erben, fordern (§ 2039). Daraus folgt, daß ein Nachlaßschuldner sich von seiner Schuld nicht dadurch befreien kann, daß er mit einer ihm gegen einen einzelnen Miterben zustehenden Forderung aufrechnet (§ 2040 Abs. 2).

III. Umfang des Nachlasses.

Zum Nachlaß gehören nicht nur die z. Zt. des Erbfalls vorhandenen Nachlaßgegenstände, sondern u. U. auch spätere Erwerbe. So fällt in den Nachlaß, was auf Grund eines zum Nachlaß gehörenden Rechts erworben wird (z. B. Früchte eines Nachlaßgrundstücks), was als Ersatz für die Zerstörung usw. eines Nachlaßgegenstandes erworben wird, und schließlich, was durch ein Rechtsgeschäft erworben wird, das sich auf den Nachlaß bezieht (z. B. wenn das Entgelt für den Erwerb aus dem Nachlaß genommen wird), § 2041.

IV. Auseinandersetzung der Miterben.

1. Jeder Miterbe kann jederzeit die Auseinandesetzung verlangen (§ 2042); dieses Recht ist ausgeschlossen,

a) solange die Erbteile, z. B. wegen der zu erwartenden Geburt eines Miterben, noch unbestimmt sind (§ 2043);

b) wenn der Erblasser die Auseinandersetzung durch letztwillige Verfügung ausgeschlossen oder von der Einhaltung einer Kündigungsfrist abhängig gemacht hat und diese noch nicht abgelaufen ist (§ 2044); der Gültigkeit der Ausschließung sind aber zeitliche Grenzen gesetzt (§ 2044 Abs. 2);

c) wenn die Miterben die Ausschließung des Rechts auf Auseinandersetzung vereinbart haben (§§ 2042 Abs. 2, 750, 751);

d) wenn ein Miterbe mit Rücksicht auf ein Gläubigeraufgebot oder eine öffentliche Aufforderung nach § 2061 den Aufschub der Auseinandersetzung verlangt (§ 2054).

In den Fällen zu b) und c) versagt der Ausschluß der Auseineinandersetzung gegenüber einem wichtigen Grunde.

2. Die Art und Weise der Auseinandersetzung.

Die Art und Weise der Auseinandersetzung ist Sache der freien Vereinbarung der Miterben. Der Erblasser kann aber durch letztwillige Verfügung Anordnungen für die Auseinandersetzung treffen (§ 2048). Soweit dies nicht geschehen ist, kann jeder Miterbe die Auseinandersetzung auf Grund der gesetzlichen Vorschriften verlangen (§§ 2042 Abs. 2, 752—757, 2046, 2047):

a) Zunächst sind die Nachlaßverbindlichkeiten zu berichtigen; der Nachlaß ist zu diesem Zweck, soweit erforderlich, zu versilbern (§ 2046).

b) Was von dem Nachlaß nach Berichtigung der Nachlaßverbindlichkeiten übrigbleibt, haben die Erben unter sich nach dem Verhältnis der Erbteile zu teilen, und zwar entweder in Natur (§ 752) oder durch Teilung des Veräußerungserlöses (§ 753).

3. Jeder Miterbe kann auch beim Nachlaßgericht beantragen, daß dieses die Auseinandersetzung vermittele (§§ 86 ff. FGG).

Das Nachlaßgericht hat die Beteiligten zu laden, Vereinbarungen der erschienenen Beteiligten zu beurkunden (§ 91 FGG) und, sobald alle Fragen geklärt sind, einen Auseinandersetzungsplan anzufertigen (§ 93 FGG). Sind die erschienenen Beteiligten mit diesem Plan einverstanden, so hat ihn das Nachlaßgericht zu beurkunden (§ 93 FGG). Gegen trotz Ladung nicht erschienene Beteiligte findet eine Art Versäumnisverfahren statt. Ihnen werden die von den erschienenen Beteiligten getroffenen Vereinbarungen, die das Nachlaßgericht beurkundet hat, bzw. der vom Nachlaßgericht beurkundete Auseinandersetzungsplan, auf den sich die erschienenen Beteiligten geeinigt haben, bekanntgemacht. Die nicht erschienenen Beteiligten haben das Recht, binnen vom Nachlaßgericht zu bestimmender Frist Anberaumung eines neuen Termins zu beantragen; tun sie das nicht oder erscheinen sie auch in dem neuen Termin nicht, so wird ihr Einverständnis mit dem Inhalt der vom Nachlaßgericht aufgenommenen Urkunde angenommen (§§ 91 Abs. 3, 93 Abs. 2 FGG). Haben alle Beteiligten einer beurkundeten Vereinbarung oder einem beurkundeten Auseinandersetzungsplan zugestimmt oder gelten sie als zustimmend, so wird die Vereinbarung bzw. der Teilungsplan vom Nachlaßgericht durch Beschluß bestätigt (§ 96 FGG). Nach Rechtskraft des Bestätigungsbeschlusses ist die Vereinbarung bzw. der Teilungsplan wie eine vertragsmäßige Vereinbarung oder Auseinandersetzung für alle Beteiligten verbindlich (§ 97 FGG); aus der rechtskräftig bestätigten Urkunde findet die Zwangsvollstreckung statt (§ 98 FGG). Widerspruch auch nur eines erschienenen Beteiligten bringt die Vermittlung des Nachlaßgerichts zum Scheitern; die Streitpunkte sind erforderlichenfalls im Prozeßwege zu erledigen (§ 95 FGG).

4. Die Ausgleichungspflicht.

a) Abkömmlinge des Erblassers haben u. U. Zuwendungen, die ihnen der Erblasser zu seinen Lebzeiten gemacht hat, bei der Auseinandersetzung zur Ausgleichung zu bringen. Diese Ausgleichungspflicht besteht,

aa) wenn die Abkömmlinge als gesetzliche Erben zur Erbfolge gelangen (§ 2050 Abs. 1);

bb) im Zweifel auch, wenn sie auf Grund einer Verfügung von Todes wegen Erben werden und auf dasjenige eingesetzt sind, was sie als gesetzliche Erben erhalten würden, oder wenn ihr Erbteile so bestimmt sind, daß sie zueinander in demselben Verhältnis stehen, wie die gesetzlichen Erbteile (§ 2052).

Ausgleichungspflichtig sind:

aa) Zuwendungen, die als Ausstattung anzusehen sind (§§ 2050 Abs. 1, 1624 Abs. 1);

bb) Zuschüsse, die zu dem Zwecke gegeben worden sind, als Einkünfte verwendet zu werden, sowie Aufwendungen für die Vorbildung zu einem Berufe, soweit sie über das den Vermögensverhältnissen des Erblassers entsprechende Maß hinausgehen (§ 2050 Abs. 2);

cc) sonstige Zuwendungen unter Lebenden, wenn der Erblasser bei der Zuwendung die Ausgleichung angeordnet hat (§ 2050 Abs. 3).

Die Ausgleichungspflicht kann vom Erblasser ausgeschlossen werden (§ 2050 Abs. 1).

b) Die Ausgleichungspflicht trifft nicht nur den Abkömmling, dem die Zuwendung gemacht worden ist, sondern auch den entfernteren Abkömmling, der an seiner Stelle Erbe wird (§ 2051). Sie besteht nicht für eine Zuwendung, die ein Abkömmling zu einer Zeit erhalten hat, als ein ihn von der gesetzlichen Erbfolge ausschließender näherer Abkömmling noch lebte (§ 2053).

c) Die Ausgleichung wird in folgender Weise durchgeführt: Der Wert aller ausgleichungspflichtigen Zuwendungen wird dem Nachlaß hinzugerechnet; nach dem so ermittelten Nachlaßwert werden die Erbteile errechnet; jeder Miterbe muß sich auf seinen Erbteil den Wert der ausgleichungspflichtigen Zuwendungen anrechnen lassen, die er erhalten hat (§ 2055).

Hat ein Miterbe durch die Zuwendung mehr erhalten, als ihm unter Berücksichtigung der Ausgleichungspflicht zusteht, so braucht er den Mehrbetrag nicht zu erstatten (§ 2056).

Jeder ausgleichungspflichtige Miterbe ist zur Auskunft über die erhaltenen Zuwendungen verpflichtet (§ 2057).

V. Haftung der Miterben.

1. Sind mehrere Miterben vorhanden, so entscheidet sich für jeden einzelnen die Frage, ob er beschränkt oder unbeschränkt haftet, nach den oben 2. Abschnitt, 2. Titel, erörterten Vorschriften. Folgende Besonderheiten gelten:

a) Das von einem der Miterben erwirkte Ausschlußurteil im Aufgebotsverfahren kommt auch den übrigen zustatten (§ 997 ZPO); die Nachlaßverwaltung kann nur von allen Miterben gemeinschaftlich beantragt werden und ist ausgeschlossen, wenn der Nachlaß geteilt ist (§ 2062); im Gegensatz hierzu kann Nachlaßkonkurs von jedem Miterben beantragt werden (§§ 217 Abs. 2, 216 Abs. 2 KO) und ist auch nach Teilung des Nachlasses möglich;

b) es kann zwar jedem einzelnen Erben eine Inventarfrist gesetzt werden, die Errichtung des Inventars durch einen Erben kommt aber auch den übrigen zu statten (§ 2063 Abs. 1), beseitigt natürlich nicht eine bereits eingetretene unbeschränkbare Haftung eines Erben;

c) da unbeschränkbare Haftung nur eintritt durch Verletzung der Inventarpflicht oder Verweigerung des Offenbarungseides, jeder Miterbe aber selbst ein Inventar errichten kann, haftet ein Miterbe einem anderen Miterben, der zugleich Nachlaßgläubiger ist, auch dann beschränkbar, wenn er den anderen Nachlaßgläubigern gegenüber unbeschränkbar haftet (§ 2063 Abs. 2);

d) eine vorübergehende Beschränkung der Haftung jedes Miterben auf den Nachlaß ergibt sich aus der Vorschrift des § 2059: bis zur Teilung des Nachlasses kann jeder Miterbe die Berichtigung von Nachlaßverbindlichkeiten aus dem Vermögen, das er außer seinem Anteil am Nachlaß hat, verweigern; ein Gläubiger kann den Anteil des Miterben am Nachlaß pfänden lassen (§ 859 Abs. 2 ZPO) und auf Grund seines Pfandrechts die Auseinandersetzung betreiben.

Haftet ein Miterbe unbeschränkbar, so muß er schon vor Teilung des Nachlasses die Nachlaßgläubiger auch aus seinem Privatvermögen in Höhe des Teils der Forderungen befriedigen, der seinem Anteil am Nachlaß entspricht (§ 2059 Abs. 1 S. 2); im übrigen hat der Miterbe trotz Unbeschränkbarkeit seiner Haftung die Einrede aus § 2059 Abs. 1 S. 1, da eine Haftungsteilung immer noch eintreten kann.

e) Auf Grund eines gegen alle Erben ergangenen Urteils kann ein Nachlaßgläubiger auch in den ungeteilten Nachlaß vollstrecken (§§ 2059 Abs. 2 BGB., 747 ZPO).

2. Außer der Frage der Haftungsbeschränkung taucht bei Vorhandensein mehrerer Erben noch die Frage auf, ob jeder Erbe für eine Nachlaßverbindlichkeit zu ihrem ganzen Betrage haftet oder nur für den seinem Erbteil entsprechenden Teil. Diese Frage entsteht nur bei den gemeinschaftlichen Nachlaßverbindlichkeiten; ist ein Erbe z. B. allein mit einem Vermächtnis belastet, so muß er dieses auch allein in voller Höhe erfüllen.

Für die gemeinschaftlichen Nachlaßverbindlichkeiten haften die Miterben grundsätzlich als Gesamtschuldner, jeder also in voller Höhe der Forderung (§ 2058). Eine Teilung der Haftung tritt nur nach Nachlaßteilung ein, und zwar,

a) wenn der Gläubiger im Aufgebotsverfahren ausgeschlossen ist (§ 2060 Ziff. 1); das Aufgebot erstreckt sich insoweit auch auf die Gläubiger aus Pflichtteilsrechten, Vermächtnissen und Auflagen sowie auf Gläubiger, denen ein Miterbe unbeschränkt haftet;

b) wenn der Gläubiger seine Forderung später als 5 Jahre nach dem Erbfall geltend macht (§ 2060 Z. 2); doch bleibt in diesem Falle die gesamtschuldnerische Haftung bestehen

aa) für alle Erben, wenn die Forderung vor dem Ablauf der 5 Jahre im Aufgebotsverfahren angemeldet worden ist;

bb) für diejenigen Miterben, denen die Forderung vor dem Ablauf der 5 Jahre bekanntgeworden ist;

c) wenn der Nachlaßkonkurs eröffnet und durch Verteilung der Masse oder durch Zwangsvergleich beendigt worden ist (§ 2060 Z. 3);

d) wenn ein Miterbe eine öffentliche Aufforderung zur Anmeldung von Forderungen gegen den Nachlaß erlassen hat und ein Nachlaßgläubiger seine Forderung nicht rechtzeitig angemeldet hat (§ 2061); ist die Forderung aber ohne Anmeldung einem Miterben vor der Nachlaßteilung bekanntgeworden, so tritt diesem Erben gegenüber Haftungsteilung trotz unterlassener Anmeldung nicht ein.

Die Frage der Haftungsteilung ist unabhängig von der Frage der Haftungsbeschränkung zu beantworten; Haftungsteilung kann eintreten auch bei unbeschränkbarer Haftung aller Miterben (§ 997 Abs. 2 ZPO).

Die Vorschriften über die Haftungsteilung sollen die Miterben veranlassen, vor Nachlaßteilung die Nachlaßverbindlichkeiten zu berichtigen.

Dritter Abschnitt

Testament

Erster Titel

Allgemeine Vorschriften

I. Verfügungen von Todes wegen können einseitige sein (Testamente, letztwillige Verfügungen, § 1937) oder Erbverträge (§ 1940).

Verfügungen von Todes wegen sind höchst persönlicher Natur. Der Erblasser kann daher ein Testament nur persönlich errichten (§ 1 Abs. 1 TG, früher § 2064 BGB); er kann kein Testament durch einen Vertreter errichten lassen.

Der Erblasser kann die Geltung eines von ihm errichteten Testamentes nicht von dem Willen eines anderen abhängig machen (§ 2065 Abs. 1).

Er kann auch nicht die Bestimmung der Person, die eine Zuwendung erhalten soll, sowie die Bestimmung des Gegenstandes der Zuwendung einem anderen überlassen (§ 2065 Abs. 2). Doch bestehen bei der Anordnung von Vermächtnissen und Auflagen Ausnahmen von dieser letzten Regel (§§ 2151, 2156, 2192, 2193).

II. Auslegungsregeln allgemeiner Art.

1. Bei der Auslegung eines Testaments ist wie bei allen Willenserklärungen der wirkliche Wille zu erforschen und nicht an dem buchstäblichen Sinne des Ausdrucks zu haften (§ 133).

2. Ist ein Testament oder auch eine einzelne in einem Testament getroffene Verfügung mehrdeutig und würde die eine oder die andere Auslegung zur Nichtigkeit oder Unwirksamkeit des Testaments oder der fraglichen Verfügung führen, so ist die Auslegung vorzuziehen, bei der das Testament oder die einzelne Verfügung Bestand haben kann (§ 2084).

3. Hat der Erblasser in einem Testament mehrere Verfügungen getroffen und ist eine dieser Verfügungen unwirksam, so bleiben entgegen der sonst für Rechtsgeschäfte geltenden Regel des § 139 im Zweifel die übrigen Verfügungen wirksam; die Unwirksamkeit der übrigen Verfügungen tritt nur ein, wenn anzunehmen ist, daß dies dem Willen des Erblassers entspricht (§ 2085).

4. Hat sich der Erblasser in einem Testament dessen Ergänzung vorbehalten, die Ergänzung dann aber unterlassen, so bleibt das Testament im Zweifel wirksam (§ 2086).

III. Auslegungsregeln bei letztwilligen Zuwendungen.

1. Hat der Erblasser eine Zuwendung (Erbeinsetzung, Vermächtnis) an seine gesetzlichen Erben verfügt, so gelten im Zweifel diejenigen als bedacht, die z. Zt. des Erbfalls seine gesetzlichen Erben sein würden, und zwar nach dem Verhältnis ihrer gesetzlichen Erbteile (§ 2066); ist die Verfügung zugunsten der Verwandten oder nächsten Verwandten getroffen, so gilt das gleiche, doch scheidet hier der Ehegatte aus, sofern er nicht verwandt ist (§ 2067).

2. Eine Zuwendung an die Kinder ohne nähere Bezeichnung gilt im Zweifel, wenn ein Kind bei der Errichtung des Testaments schon verstorben ist, als Zuwendung an dessen Abkömmlinge nach den Grundsätzen der gesetzlichen Erbfolge (§ 2068); eine Zuwendung an einen Abkömmling gilt im Zweifel, wenn dieser nach Errichtung des Testaments wegfällt, als Zuwendung an dessen Abkömmlinge nach den Grundsätzen der gesetzlichen Erbfolge (§ 2069).

3. Eine Zuwendung an die Abkömmlinge eines Dritten ohne nähere Bezeichnung gilt im Zweifel als Zuwendung nur an diejenigen Abkömmlinge, welche z. Zt. des Erbfalls oder, wenn die Zuwendung erst zu einem späteren Zeitpunkt wirksam werden soll, zu diesem Zeitpunkt wenigstens erzeugt sind (§ 2070).

4. Eine Zuwendung ohne nähere Bezeichnung an eine Klasse von Personen oder an Personen, die zu dem Erblasser in einem Dienst- oder Geschäftsverhältnis stehen, gilt im Zweifel als Zuwendung an diejenigen, die z. Zt. des Erbfalls der fraglichen Klasse angehören oder in dem bezeichneten Verhältnis stehen (§ 2071).

5. Bei einer Zuwendung an die Armen ohne nähere Bezeichnung gilt im Zweifel die Armenkasse der Gemeinde des letzten Wohnsitzes des Erblassers als bedacht, mit der Auflage, das Zugewendete unter Arme zu verteilen (§ 2072).

6. Paßt die Bezeichnung des Bedachten auf mehrere Personen und läßt sich nicht ermitteln, welche gemeint ist, so gelten die mehreren Personen als zu gleichen Teilen bedacht (§ 2073).

7. Eine Zuwendung unter einer aufschiebenden Bedingung ist im Zweifel unwirksam, wenn der Bedachte den Eintritt der Bedingung nicht erlebt (§ 2074); das Recht aus der Zuwendung geht also im Zweifel nicht auf die Erben des Bedachten über. Anders bei aufschiebender Befristung (mit dieser Regel übereinstimmend die Vorschrift des § 2108 Abs. 2).

8. Ist eine Zuwendung davon abhängig gemacht, daß der Bedachte eine unbestimmte Zeit lang etwas unterläßt oder fortgesetzt tut und liegt das Unterlassen oder das Tun lediglich in der Willkür des Bedachten, so wird die Zuwendung mit dem Erbfall wirksam, gilt aber im Zweifel als unter auflösender Bedingung verfügt, fällt also fort, wenn der Bedachte der Bedingung zuwiderhandelt (§ 2075).

9. Bezweckt die Bedingung, unter der eine letztwillige Zuwendung gemacht ist, den Vorteil eines Dritten, so gilt sie im Zweifel als eingetreten, wenn der Dritte die zum Eintritt der Bedingung erforderliche Mitwirkung verweigert (§ 2076). Z. B.: Der Erbe ist unter der Bedingung eingesetzt, daß er den Dritten bei sich verpflegt; der Dritte lehnt dies ab.

10. Auch letztwillige Zuwendungen des Erblassers an seinen Ehegatten oder Verlobten gelten im Zweifel als bedingt, nämlich abhängig von der Gültigkeit und dem Fortbestand der Ehe bzw. des Verlöbnisses bis zum Tod des Erblassers; der Auflösung der Ehe steht es gleich, wenn der Erblasser z. Zt. seines Todes auf Scheidung oder Aufhebung zu klagen berechtigt war und die Klage erhoben hatte, sofern im Falle der Scheidung oder Aufhebung der Ehegatte als schuldig anzusehen wäre (§ 2077).

IV. Anfechtung letztwilliger Verfügungen.

Letztwillige Verfügungen sind anfechtbar wegen Irrtums und wegen Drohung.

1. Die Anfechtung letztwilliger Verfügungen wegen Irrtums ist gegenüber den allgemeinen Vorschriften des § 119 erleichtert. Voraussetzung ist, wie in § 119, daß der Erblasser über den Inhalt seiner Erklärung im Irrtum war oder eine Erklärung dieses Inhalts nicht abgeben wollte, ferner, daß anzunehmen ist, daß er die Erklärung bei Kenntnis der Sachlage nicht abgegeben haben würde (§ 2078 Abs. 1). Bei Willenserklärungen unter Lebenden ist die Anfechtbarkeit weiter davon abhängig gemacht, daß auch eine verständige Würdigung des Falles den Erklärenden bewogen haben würde, die Erklärung, so wie geschehen, nicht abzugeben. Dieses Erfordernis entfällt bei der Anfechtung letztwilliger Verfügungen.

Bei Willenserklärungen unter Lebenden ist eine Anfechtung wegen Irrtums im Beweggrund nicht zulässig — Ausnahme § 119 Abs. 2; anders bei letztwilligen Verfügungen. Ist der Erblasser zu der letztwilligen Verfügung durch die irrige Annahme oder Erwartung des Eintritts oder Nichteintritts eines Umstandes bestimmt worden, so ist die Verfügung anfechtbar, wenn anzunehmen ist, daß der Erblasser sie bei Kenntnis der Sachlage nicht getroffen haben würde (§ 2078 Abs. 2).

Hat der Erblasser in einer letztwilligen Verfügung einen z. Zt. des Erbfalls vorhandenen Pflichtteilsberechtigten übergangen, dessen Vorhandensein ihm bei der Errichtung der Verfügung nicht bekannt war oder der erst nach der Errichtung geboren oder pflichtteilsberechtigt geworden ist, so ist die Verfügung ebenfalls anfechtbar, es sei denn, daß anzunehmen ist, daß der Erblasser auch bei Kenntnis der Sachlage die Verfügung getroffen haben würde (§ 2079). In diesen Fällen wird also das Vorliegen eines Irrtums im Beweggrund im Zweifel angenommen.

2. Eine letztwillige Verfügung ist anfechtbar, wenn der Erblasser zu ihrer Errichtung rechtswidrig durch Drohung bestimmt worden ist (§ 2078 Abs. 2).

3. Anfechtungsberechtigung.

a) Der Erblasser selbst hat kein Anfechtungsrecht; er braucht es auch nicht, da er sein Testament jederzeit widerrufen kann (§ 32 TG).

b) Zur Anfechtung einer letztwilligen Verfügung ist derjenige berechtigt, dem die Aufhebung der Verfügung unmittelbar zustatten kommen würde (§ 2080 Abs. 1).

Der gesetzliche Erbe kann also das Testament anfechten, durch das er von der Erbfolge ausgeschlossen wird, der mit einem Vermächtnis Beschwerte die Anordnung des Vermächtnisses usw.

Ist der Erblasser durch einen Irrtum über eine bestimmte Person zu einer letztwilligen Verfügung bestimmt worden, und ist diese anfechtungsberechtigt oder würde sie es sein, wenn sie den Erbfall erlebt hätte, so ist ein anderer zur Anfechtung nicht berechtigt (§ 2080 Abs. 2). Demgemäß kann bei der in § 2079 erwähnten Uebergehung eines Pflichtteilsberechtigten nur dieser anfechten (§ 2080 Abs. 3).

4. Anfechtungserklärung.

Die Anfechtung erfolgt durch formlose Erklärung, und zwar gegenüber dem Nachlaßgericht, wenn es sich handelt um eine Erbeinsetzung, die Ausschließung eines gesetzlichen Erben von der Erbfolge, die Ernennung eines Testamentsvollstreckers, die Anordnung einer Auflage oder den Widerruf derartiger Verfügungen (§ 2081 Abs. 1 und 3), gegenüber dem aus der Verfügung Berechtigten, z. B. dem Vermächtnisnehmer, in den anderen Fällen (§ 143 Abs. 4 S. 1).

5. Die Anfechtungsfrist ist ein Jahr; sie beginnt mit dem Zeitpunkt, in dem der Anfechtungsberechtigte von dem Anfechtungsgrunde Kenntnis erlangt; mit Ablauf von 30 Jahren seit dem Erbfall ist die Anfechtung ausgeschlossen (§ 2082).

Ein Leistungsverweigerungsrecht bleibt auch nach Ablauf der Anfechtungsfrist bestehen (§ 2083).

6. Erleidet jemand dadurch Schaden, daß er auf die Gültigkeit einer angefochtenen letztwilligen Verfügung vertraut hat, so wird dieser Schaden nicht ersetzt (§ 2078 Abs. 3).

Zweiter Titel

Erbeinsetzung

I. Erbfolge ist Gesamtnachfolge in das Vermögen des Erblassers; testamentarischer Erbe ist derjenige, der nach dem Willen des Erblassers Herr des gesamten Nachlasses werden soll, sei es allein, sei es mit anderen zusammen. Hat der Erblasser daher in seinem Testament jemandem sein ganzes Vermögen oder einen Bruchteil seines Gesamtvermögens zugewendet, so liegt darin eine Erbeinsetzung, auch wenn der Bedachte nicht als Erbe bezeichnet ist (§ 2087 Abs. 1). Sind dem Bedachten dagegen nur einzelne Gegenstände zugewendet, so ist im Zweifel nicht anzunehmen, daß er Erbe sein soll, auch wenn er in dem Testament als Erbe bezeichnet ist (§ 2087 Abs. 2).

Dies letztere gilt aber nur im Zweifel. Es kann sein, daß der Bedachte nach dem Willen des Erblassers Erbe zu einem Bruchteil des Gesamtnachlasses werden soll und die Nennung einzelner Gegenstände den Sinn hat, daß sie dem Bedachten bei der Nachlaßteilung in Anrechnung auf seinen Erbteil zufallen sollen. Es kann auch sein, daß der dem Wortlaut des Testaments nach nur mit einzelnen Gegenständen Bedachte alleiniger Erbe sein soll, wenn nämlich die Aufzählung der Gegenstände den gesamten Nachlaß umfaßt oder doch dessen wesentliche Bestandteile.

II. Erbeinsetzung zu Bruchteilen.

1. Hat der Erblasser nur über einen Bruchteil der Erbschaft durch Erbeinsetzung verfügt, so tritt in Ansehung des übrigen Teils gesetzliche Erbfolge ein (§ 2088).

Hat der Erblasser, mehrere Erben zu Bruchteilen eingesetzt und die Bruchteile irrtümlich so berechnet, daß sie das Ganze nicht erschöpfen, obwohl nachweislich die eingesetzten Erben die alleinigen Erben sein sollten, so tritt eine verhältnismäßige Erhöhung der Bruchteile ein (§ 2089). Sind umgekehrt die Bruchteile irrtümlich so berechnet, daß sie das Ganze übersteigen, so tritt eine verhältnismäßige Minderung der Bruchteile ein (§ 2090).

2. Hat der Erblasser mehrere Erben eingesetzt, ohne die Erbteile zu bestimmen, so gelten sie als zu gleichen Teilen eingesetzt, sofern sich nicht aus den §§ 2066—2069 (Zuwendungen an die „gesetzlichen Erben" oder die „Verwandten") ein anderes ergibt (§ 2091).

3. Sind mehrere Erben eingesetzt, und zwar teils auf Bruchteile, teils ohne Bruchteile, so erhalten die ohne Bruchteile eingesetzten den durch die Bruchteile nicht erschöpften Teil der Erbschaft (§ 2092 Abs. 1). Erschöpfen in diesem Fall die bestimmten Bruchteile die Erbschaft, so tritt eine verhältnismäßige Minderung nach § 2092 Abs. 2 ein.

4. Die vorstehend zu 2. und 3. erwähnten Vorschriften der §§ 2089—2092 finden auch dann Anwendung, wenn mehrere Erben auf einen und denselben Bruchteil eingesetzt sind und nun der Anteil jedes dieser Erben an dem Bruchteil errechnet werden muß (§ 2093).

III. Anwachsung.

1. Hat der Erblasser mehrere Erben zu Bruchteilen auf die ganze Erbschaft eingesetzt und fällt einer dieser Erben vor oder nach dem Eintritt des Erbfells weg, so wächst dessen Erbteil den übrigen Erben nach dem Verhältnis ihrer Erbteile an (§ 2094 Abs. 1 S. 1).

> Wegfall vor dem Erbfall liegt vor bei Vorversterben oder Erbverzicht (§ 2346), Wegfall nach dem Erbfall bei Ausschlagung, Erbunwürdigkeitserklärung (§ 2344). Nicht dagegen ist ein Erbe im Sinne des § 2094 weggefallen, der nach dem Erbfall stirbt; es wird dann sein Erbteil nicht frei, geht vielmehr als Bestandteil seiner Erbschaft auf seine Erben über.

2. Sind von den Miterben einige auf einen gemeinschaftlichen Erbteil eingesetzt, z. B. A und B zu je 1/3, C und D zusammen zu 1/3, und fällt von diesen einer weg, z. B. C, so tritt Anwachsung zunächst unter ihnen ein, es erhält also im erwähnten Beispiel D allein 1/3 (§ 2094 Abs. 1 S. 2).

3. Erschöpfen die Erbteile der eingesetzten Miterben nicht die ganze Erbschaft, so daß hinsichtlich des restlichen Teils gesetzliche Erbfolge stattfindet, so tritt bei Wegfall eines der eingesetzten Erben nicht Anwachsung

an die übrigen eingesetzten Erben ein, vielmehr fällt der freiwerdende Erbteil an die gesetzlichen Erben (§ 2094 Abs. 2). Eine Ausnahme gilt nur für den Fall, daß die testamentarischen Erben auf einen gemeinschaftlichen Erbteil eingesetzt sind.

4. Der Erblasser kann die Anwachsung ausschließen (§ 2094 Abs. 3); hat er dies getan, so fällt ein freiwerdender Erbteil an die gesetzlichen Erben.

5. Der ursprüngliche Erbteil eines Miterben und der ihm durch Anwachsung anfallende gelten in Ansehung von Vermächtnissen, Auflagen und Ausgleichungspflicht als besondere Erbteile (§ 2095).

Ist z. B. einer dieser Erbteile mit Vermächtnissen überlastet, so braucht der Erbe den anderen Teil nicht zur Befriedigung der Vermächtnisnehmer anzugreifen, vorbehaltlich natürlich seiner unbeschränkbaren Haftung.

IV. Einsetzung eines Ersatzerben.

Der Erblasser kann für den Fall, daß ein testamentarischer oder gesetzlicher Erbe vor oder nach dem Erbfall wegfällt, einen anderen als Erben, Ersatzerben, einsetzen (§ 2096). Ist für einen freiwerdenden Erbteil ein Ersatzerbe bestimmt, so kann Anwachsung erst eintreten, wenn der Ersatzerbe weggefallen ist (§ 2099).

Der Wegfall des erstberufenen Erben kann dadurch eintreten, daß er nicht Erbe sein kann (Vorversterben, Erbunwürdigkeit usw.) oder dadurch, daß er nicht Erbe sein will (Ausschlagung, Erbverzicht). Hat der Erblasser nur für einen dieser beiden Fälle einen Ersatzerben vorgesehen, so gilt die Einsetzung des Ersatzerben im Zweifel auch für den anderen Fall (§ 2097).

Weitere Auslegungsregeln s. in § 2098.

Dritter Titel

Einsetzung eines Nacherben

I. Begriff der Nacherbfolge.

Der Erblasser kann bestimmen, daß jemand nicht sogleich mit dem Erbfall, sondern erst zu einem späteren Zeitpunkt die Erbschaft als Erbe erhalten solle, nachdem also zuvor ein anderer Erbe war (§ 2100). Der erste Erbe heißt Vorerbe, sein Nachfolger Nacherbe.

II. Anordnung der Nacherbfolge.

1. Sie kann ausdrücklich erfolgen oder durch Auslegung aus dem Testament zu entnehmen sein. Hat der Erblasser eine z. Zt. des Erbfalls noch nicht erzeugte Person zum Erben eingesetzt, so gilt sie im Zweifel als zum Nacherben eingesetzt (§ 2101 Abs. 1).

Steht fest, daß dies nicht dem Willen des Erblassers entspricht, so ist die Einsetzung unwirksam, da Erbe nur werden kann, wer z. Zt. des Erbfalls bereits erzeugt ist (§§ 2101 Abs. 1 S. 2, 1923).

Entsprechendes gilt von der Einsetzung einer juristischen Person, die z. Zt. des Erbfalls noch nicht existiert (§ 2101 Abs. 2).

2. Ist zweifelhaft, ob jemand als Ersatzerbe oder als Nacherbe eingesetzt ist, so gilt er nur als Ersatzerbe (§ 2102 Abs. 2), dagegen ist der Nacherbe im Zweifel zugleich Ersatzerbe (§ 2102 Abs. 1).

3. Die Anordnung, daß der Erbe mit dem Eintritt eines bestimmten Zeitpunktes oder Ereignisses die Erbschaft einem anderen herausgeben solle, gilt im Zweifel als Anordnung der Nacherbfolge (§ 2103).

4. Ist jemand unter einer auflösenden Bedingung oder Befristung zum Erben eingesetzt, so gilt er nur als Vorerbe; als Nacherben gelten diejenigen, die die gesetzlichen Erben des Erblassers sein würden, wenn er bei Eintritt der Bedingung oder Ende der Frist gestorben wäre; doch scheidet der Fiskus als Nacherbe aus (§ 2104).

5. Hat der Erblasser nur die Person des Nacherben bestimmt, ohne den Vorerben zu benennen, z. B. in der in § 2101 erwähnten Art und Weise, so sind die gesetzlichen Erben des Erblassers die Vorerben (§ 2105).

III. Eintritt der Nacherbfolge.

1. Hat der Erblasser den Zeitpunkt des Eintritts der Nacherbfolge nicht bestimmt, so tritt sie mit dem Tode des Vorerben ein (§ 2106 Abs. 1). Ist eine noch nicht erzeugte Person gemäß § 2101 Abs. 1 als zum Nacherben eingesetzt anzusehen, so tritt die Nacherbfolge mit der Geburt des Nacherben ein (§ 2106 Abs. 2).

2. Nacherbe kann nur werden, wer z. Zt. des Nacherbfalls lebt oder doch bereits erzeugt ist (§§ 2108 Abs. 1, 1923).

3. Schon vom Eintritt des Erbfalls an hat der Nacherbe ein Anwartschaftsrecht auf den Erwerb der Erbschaft. Dieses Anwartschaftsrecht ist im Zweifel vererblich, wenn die Nacherbeinsetzung befristet ist, also für ein zukünftiges gewisses Ereignis, z. B. Tod des Vorerben, vorgesehen ist (§ 2108 Abs. 2 S. 1); ist die Nacherbeinsetzung bedingt, also von einem zukünftigen ungewissen Ereignis, z. B. Wiederverheiratung des zum Vorerben eingesetzten Ehegatten, abhängig gemacht, so gilt sie im Zweifel nur, wenn der eingesetzte Nacherbe den Eintritt der Bedingung erlebt; stirbt der Nacherbe vorher, so geht sein

Anwartschaftsrecht im Zweifel nicht auf seine Erben über (§§ 2108 Abs. 2 S. 2, 2074).

4. Der Fall der Nacherbfolge muß grundsätzlich innerhalb von 30 Jahren seit dem Erbfall eintreten, andernfalls wird die Anordnung der Nacherbfolge unwirksam (§ 2109 Abs. 1 S. 1).

Ausnahmen s. § 2109 Abs. 1 Z. 1 und 2. Z. 1 von Bedeutung für den häufigen Fall, daß der Vorerbe auf Lebenszeit eingesetzt ist; die Anordnung der Nacherbfolge bleibt auch dann wirksam, wenn der Vorerbe erst später als 30 Jahre nach dem Erbfall stirbt, sofern er z. Zt. des Erbfalls schon gelebt hat. Daß der Vorerbe beim Erbfall noch nicht gelebt hat, kann bei mehrfacher Nacherbeinsetzung vorkommen, wenn also der Vorerbe seinerseits Nacherbe nach einem anderen Vorerben war.

IV. Gegenstand der Nacherbfolge.

Auch die Nacherbfolge ist Gesamtnachfolge; die Erbschaft geht mit dem Nacherbfall als Ganzes auf den Nacherben über. Zur Erbschaft gehören auch bestimmte Erwerbe, die der Vorerbe zwischen Erbfall und Nacherbfall gemacht hat, nämlich (§ 2111 Abs. 1 S. 1):

1. Was der Vorerbe auf Grund eines zur Erbschaft gehörenden Rechts erworben hat (z. B. zurückgezahltes Darlehnskapital);
2. was er als Ersatz für die Zerstörung, Beschädigung oder Entziehung eines Erbschaftsgegenstandes erworben hat;
3. was er durch Rechtsgeschäft mit Mitteln der Erbschaft erworben hat.

Die Nutzungen (§ 100) der Erbschaft dagegen behält der Vorerbe (§ 2111 Ab. 1 S. 1 a. E.), z. B. die auf die Zeit bis zum Nacherbfall entfallenden Zinsen einer zur Erbschaft gehörenden Hypothek, die Früchte eines landwirtschaftlichen Grundstücks usw.

Das Recht des Nacherben erstreckt sich im Zweifel auf einen Erbteil, der dem Vorerben infolge Wegfalls eines Miterben anfällt, dagegen nicht auf ein dem Vorerben zugewendetes Vorausvermächtnis (§ 2110).

V. Beschränkung der Wirksamkeit von Verfügungen des Vorerben über Gegenstände der Vorerbschaft.

1. Der Vorerbe kann grundsätzlich über die zur Erbschaft gehörenden Gegenstände ohne Zustimmung des Nacherben vollwirksam verfügen (§ 2112).

Es gelten folgende Ausnahmen:

a) Ueber Grundstücke und Rechte an Grundstücken kann der Vorerbe nur unbeschadet des Rechts des Nacherben verfügen; die Verfügung wird also mit dem Eintritt der Nacherbfolge insoweit unwirksam, als sie das Recht des Nacherben vereiteln oder beeinträchtigen würde (§ 2113 Abs. 1).

b) Das gleiche gilt von Verfügungen über Erbschaftsgegenstände jeder Art, wenn die Verfügung unentgeltlich oder zum Zweck der Erfüllung eines von dem Vorerben erteilten Schenkungsversprechens erfolgt (§ 2113 Abs. 2 S. 1). Vollwirksam sind aber Schenkungen des Vorerben, wenn durch sie einer sittlichen Pflicht oder einer auf den Anstand zu nehmenden Rücksicht entsprochen wird (§ 2113 Abs. 2 S. 2).

2. Soweit der Vorerbe an und für sich nur mit beschränkter Wirksamkeit verfügen kann, wird doch der gute Glaube Dritter geschützt (§ 2113 Abs. 3, s. § 51 GBO).

3. Der Satz, daß der Vorerbe über Rechte an Grundstücken nur unbeschadet des Rechts des Nacherben verfügen kann, erleidet eine Einschränkung: Bei einer Hypothek, Grundschuld oder Rentenschuld steht Kündigung und Einziehung dem Vorerben zu mit der Maßgabe, daß er Zahlung des Kapitals an sich nur mit Einwilligung des Nacherben, sonst nur Hinterlegung für sich und den Nacherben verlangen kann (§ 2114). Für andere Verfügungen über Hypotheken usw. gilt die Vorschrift des § 2113.

4. Zustimmung des Nacherben macht an und für sich nur beschränkt wirksame Verfügungen des Vorerben vollwirksam (§ 185).

5. Die Gläubiger des Vorerben, auch soweit sie nicht Nachlaßgläubiger sind, können in die Erbschaft vollstrecken; Verfügungen aber, die im Wege einer solchen Zwangsvollstreckung vorgenommen werden, sind nur unbeschadet des Rechts des Nacherben wirksam, werden also mit Eintritt der Nacherbfolge insoweit unwirksam, als sie das Recht des Nacherben vereiteln oder beeinträchtigen würden (§ 2115 S. 1). Das Gleiche gilt von Arrestvollziehungen und Verfügungen durch den Konkursverwalter beim Konkurse des Vorerben. Dem Recht des Nacherben gegenüber unwirksame Veräußerungen oder Ueberweisungen sollen nicht stattfinden (§ 773 ZPO).

Zwangsvollstreckungen in die Vorerbschaft zu Gunsten von Nachlaßgläubigern oder auf Grund eines auch dem Nacherben gegenüber wirksamen Rechts an einem Erbschaftsgegenstand (z. B. vom Erblasser oder vom Vorerben mit Zustimmung des Nacherben bestellte Grundschuld) sind dagegen unbeschränkt wirksam (§ 2115 S. 2).

6. Führt der Vorerbe mit einem Dritten einen Prozeß über einen Gegenstand der Vorerbschaft, so wirkt ein dem Vorerben ungünstiges Urteil nur dann gegen den Nacherben, wenn der Vorerbe befugt ist, ohne Zustimmung des Nacherben über den Gegenstand zu verfügen (§ 326 Abs. 2 ZPO).

VI. Rechte und Pflichten von Vorerben und Nacherben bei der Verwaltung der Vorerbschaft.

1. Der Vorerbe verwaltet die Vorerbschaft allein, ist aber zu ordnungsmäßiger Verwaltung verpflichtet (§ 2130 Abs. 1 S. 1); er haftet freilich nur für diejenige Sorgfalt, die er in eigenen Angelegenheiten anzuwenden pflegt (§ 2131).

2. Der Vorerbe ist verpflichtet, für den Nacherben ein Verzeichnis der zur Erbschaft gehörenden Gegenstände aufzustellen (§ 2121). Vorerbe und Nacherbe können den Zustand der zur Erbschaft gehörenden Sachen auf eigene Kosten feststellen lassen (§ 2122). Der Nacherbe kann jederzeit Auskunft über den Bestand der Erbschaft verlangen, wenn begründete Bedenken gegen die Ordnungsmäßigkeit der Verwaltung durch den Vorerben bestehen (§ 2127).

3. Der Nacherbe kann von dem Vorerben verlangen, daß dieser Inhaberpapiere mit der Maßgabe hinterlegt, daß Herausgabe nur mit Zustimmung des Nacherben erfolgen darf (§ 2116, s. auch § 2117).

4. Geld, das nicht zur Bestreitung von Ausgaben bereitzuhalten ist, muß der Vorerbe mündelsicher anlegen (§ 2119).

5. Ist zur ordnungsmäßigen Verwaltung eine Verfügung über einen Erbschaftsgegenstand nötig, so muß der Nacherbe seine Zustimmung zu der Verfügung geben, sofern sie der Vorerbe nicht mit Wirksamkeit gegenüber dem Nacherben treffen kann (§ 2120).

6. Besteht die Besorgnis einer erheblichen Verletzung der Rechte des Nacherben, so kann der Nacherbe verlangen, daß ihm Sicherheit geleistet wird, u. U. sogar, daß dem Vorerben die Verwaltung entzogen wird (§§ 2128, 2129).

VII. Die Tragung von Kosten und Lasten.

1. Die gewöhnlichen Erhaltungskosten der Nachlaßgegenstände fallen dem Vorerben zur Last, da ihm die Nutzungen gebühren (§ 2124 Abs. 1); andere Aufwendungen zur Erhaltung von Erbschaftsgegenständen kann der Vorerbe aus der Erbschaft bestreiten oder nach Eintritt der Nacherbfolge vom Nacherben ersetzt verlangen, wenn er sie für erforderlich halten durfte (§ 2124 Abs. 2).

2. Verwendungen, die nicht unter die in § 2124 erwähnten Erhaltungskosten fallen, kann der Vorerbe nach den Vorschriften über die Geschäftsführung ohne Auftrag ersetzt verlangen (§ 2125 Abs. 1). Eine Einrichtung, mit der er eine Sache versehen hat, kann der Vorerbe wegnehmen (§ 2125 Abs. 2).

3. Die Lasten der Erbschaft hat für die Dauer seines Rechts der Vorerbe zu tragen. Die außerordentlichen Lasten aber, die als auf den Stammwert der Erbschaftsgegenstände gelegt anzusehen sind, fallen im Endergebnis dem Nacherben zur Last; der Vorerbe kann sie nämlich aus der Erbschaft bestreiten und Ersatz verlangen, wenn er sie aus seinem sonstigen Vermögen bestritten hat (§ 2126 — außerordentliche Last z. B. das Hypothekenkapital im Gegensatz zu Hypothekenzinsen).

VIII. Anfall der Erbschaft an den Nacherben und Herausgabepflicht des Vorerben.

1. Mit dem Eintritt der Nacherbfolge fällt die Erbschaft dem Nacherben an (§ 2139) vorbehaltlich des Rechts, sie auszuschlagen. Das Recht, die Erbschaft auszuschlagen, hat der Nacherbe schon von dem Erbfall an (§ 2142 Abs. 1). Schlägt der Nacherbe die Erbschaft aus, so verbleibt sie dem Vorerben, soweit nicht der Erblasser durch Einsetzung eines Ersatznacherben ein anderes bestimmt hat (§ 2142 Abs. 2).

2. Mit dem Eintritt der Nacherbfolge ist der Vorerbe verpflichtet, die Erbschaft dem Nacherben herauszugeben, und zwar in dem Zustand, der sich bei fortgesetzter ordnungsmäßiger Verwaltung ergibt (§ 2130); doch haftet der Vorerbe nur für diejenige Sorgfalt, die er in eigenen Angelegenheiten anzuwenden pflegt (§ 2131, s. auch § 2132).

Der Vorerbe ist u. U. verpflichtet, den Wert im Uebermaß gezogener Früchte dem Nacherben zu ersetzen (§ 2133).

Da der Vorerbe nur die Nutzungen, nicht die Substanz der Vorerbschaft behalten darf, ist er mit dem Eintritt der Nacherbfolge dem Nacherben zum Ersatz des Wertes eines Erbschaftsgegenstandes verpflichtet, den er für sich verwendet hat. Lag in der Verwendung auch eine Verletzung der Pflicht zu ordnungsmäßiger Verwaltung, so besteht u. U. eine Schadensersatzpflicht (§ 2134).

Sind beim Erbfall durch Vereinigung der Vermögen des Erblassers und des Vorerben Rechtsverhältnisse erloschen (z. B. der Vorerbe war Schuldner des Erblassers), so leben sie mit dem Eintritt der Nacherbfolge wieder auf (§ 2143 — der Vorerbe hat die Schuld an den Nacherben zu zahlen).

IX. Befreiter Vorerbe.

Der Erblasser kann den Vorerben von einer Anzahl von Beschränkungen und Verpflichtungen befreien, denen ein Vorerbe nach den gesetzlichen Vorschriften unterliegt (§ 2136), und zwar kann die Befreiung von allen oder einzelnen der in § 2136 erwähnten Beschränkungen und Verpflichtungen erfolgen. Die Befreiung von allen Beschränkungen und Verpflichtungen, soweit dies zulässig ist, gilt als angeordnet, wenn der Nacherbe auf dasjenige eingesetzt ist, was von der Erbschaft beim Eintritt der Nacherbfolge übrig sein wird (§ 2137 Abs. 1), oder wenn der Erblasser bestimmt hat, daß der Vorerbe zur freien Verfügung über die Erbschaft berechtigt sein soll (§ 2137 Abs. 2). Das gleiche wird im allgemeinen anzunehmen sein, wenn der Vorerbe schlechthin als „befreiter Vorerbe" bezeichnet wird.

Die wichtigsten zulässigen Befreiungen sind:

1. Der Vorerbe kann ermächtigt werden, über Grundstücke oder Grundstücksrechte mit Wirksamkeit gegenüber dem Nacherbenrecht zu verfügen, ebenso Hypothekenkapital sich ohne Einwilligung des Nacherben auszahlen zu lassen (§§ 2136, 2113 Abs. 1, 2114).

2. Der Vorerbe kann von der Verpflichtung befreit werden, Wertersatz für Erbschaftsgegenstände zu leisten, die er für sich verwendet hat (§§ 2136, 2135).

3. Der Vorerbe kann von der Verpflichtung zu ordnungsmäßiger Verwaltung befreit werden (§§ 2136, 2130, 2131).

Durch die beiden letztgenannten Befreiungen wird dem Vorerben gestattet, die Substanz der Erbschaft für sich zu verbrauchen. Er hat also nur die beim Eintritt des Nacherbfalls noch vorhandenen Erbschaftsgegenstände herauszugeben (§ 2138 Abs. 1).

Unzulässig ist aber vor allem die Befreiung von der Vorschrift des § 2113 Abs. 2; unentgeltliche Verfügungen auch des befreiten Vorerben sind also unwirksam (abgesehen von § 2113 Abs. 2. S. 2); sie begründen eine Schadenersatzpflicht des Vorerben (§ 2138 Abs. 2). Eine Schadenersatzpflicht entsteht auch bei jeder Verminderung der Erbschaft in der Absicht, den Nacherben zu benachteiligen.

X. Haftung für die Nachlaßverbindlichkeiten nach Eintritt des Nacherbfalles.

1. Haftung des Nacherben.

Der Nacherbe haftet naturgemäß für die Nachlaßverbindlichkeiten erst von dem Eintritt des Nacherbfalles an, und zwar wie jeder Erbe mit der Möglichkeit, die Haftung zu beschränken; die Haftung beschränkt sich gegebenenfalls auf dasjenige, was der Nacherbe aus der Erbschaft erlangt, einschließlich der Ansprüche, die ihm gegen den Vorerben als solchem zustehen, z. B. Schadenersatzansprüche wegen nicht ordnungsmäßiger Verwaltung (§ 2144 Abs. 2).

Durch Verletzung der Inventarpflicht kann der Nacherbe in unbeschränkbare Haftung fallen, doch kommt ihm das vom Vorerben errichtete Inventar zustatten (§ 2144 Abs. 2).

Dem Vorerben als Nachlaßgläubiger gegenüber haftet der Nacherbe stets nur beschränkt (§ 2144 Abs. 3).

2. Haftung des Vorerben.

Die Haftung des Vorerben hört grundsätzlich mit dem Eintritt der Nacherbfolge auf; sie bleibt bestehen,

a) insoweit der Nacherbe nicht haftet (§ 2145 Abs. 1 S. 1), d. h. insoweit der Gläubiger bei beschränkter Haftung des Nacherben nicht aus dem Nachlaß Befriedigung erhalten kann und insoweit es sich um Vermächtnisse und Auflagen handelt, die nach der Bestimmung des Erblassers ausschließlich dem Vorerben zur Last fallen sollen.

b) Für Nachlaßverbindlichkeiten, die im Verhältnis zwischen Vor- und Nacherben dem Vorerben zur Last fallen (§ 2145 Abs. 1 S. 2), z. B. für Hypothekenzinsen für die Dauer der Vorerbschaft.

Soweit der Vorerbe nach Eintritt der Nacherbfolge überhaupt haftet, beschränkt sich seine Haftung auf dasjenige, was ihm von der Erbschaft gebührt (§ 2145 Abs. 2), also auf die von ihm gezogenen Nutzungen; diese Haftungsbeschränkung entfällt aber, wenn der Vorerbe in unbeschränkte Haftung gefallen ist.

Vierter Titel

Vermächtnisse

I. Begriff des Vermächtnisses.

Der Erblasser kann durch Verfügung von Todes wegen jemandem einen Vermögensvorteil zuwenden, ohne ihn als Erben einzusetzen (§§ 1939, 1941). Eine solche Anordnung heißt Vermächtnis; sie begründet für den Bedachten das Recht, von dem Beschwerten die Leistung des vermachten Gegenstandes zu fordern (§ 2174).

Die Zuwendung eines einzelnen Erbschaftsgegenstandes in der Art, daß dieser Gegenstand mit dem Erbfall unmittelbar in das Vermögen des bedachten fällt, der Bedachte z. B. unmittelbar Eigentümer der vermachten Sache wird, ist nicht möglich.

II. Der Beschwerte.

Nur ein Erbe oder ein Vermächtnisnehmer kann mit einem Vermächtnis beschwert werden; im Zweifel gilt der Erbe als beschwert (§ 2147).

Sind mehrere Erben oder mehrere Vermächtnisnehmer mit demselben Vermächtnis beschwert, so sind im Zweifel die Erben nach dem Verhältnis der Erbteile, die Vermächtnisnehmer nach dem Verhältnis des Werts ihrer Vermächtnisse beschwert (§ 2148).

Wird der als beschwert Benannte nicht Erbe oder Vermächtnisnehmer, so bleibt das Vermächtnis doch im Zweifel wirksam, und zwar zu Lasten dessen, dem der Wegfall des zunächst Beschwerten zustatten kommt (§ 2161), z. B. zu Lasten des Ersatzerben.

III. Der Bedachte.

1. Ein Vermächtnis kann auch zugunsten einer z. Zt. des Erbfalls noch nicht erzeugten Person angeordnet werden (§ 2178); es ist unwirksam, wenn der Bedachte z. Zt. des Erbfalls nicht mehr lebt (§ 2160), es können dann nicht die Erben des Bedachten Erfüllung des Vermächtnisses verlangen.

2. Hat der Erblasser bestimmt, daß dem eingesetzten Erben ein Erbschaftsgegenstand nicht zufallen solle, so gilt der Gegenstand als den gesetzlichen Erben, den Fiskus ausgenommen, vermacht (§ 2149).

3. Ein Vermächtnis kann auch zugunsten eines Erben angeordnet werden (Vorausvermächtnis), und zwar auch mit der Wirkung, daß der bedachte Erbe zugleich als beschwert gilt (§ 2150); das hat z. B. Bedeutung für den Fall der Nacherbfolge; der vorausvermachte Gegenstand verbleibt dem Vorerben (§ 2110).

4. Der Erblasser muß zwar grundsätzlich nach § 2065 Abs. 2 die Person des Bedachten bestimmt bezeichnen. Es gilt aber folgende Ausnahme: Er kann dem Beschwerten oder einem Dritten die Auswahl unter mehreren von ihm genannten Personen überlassen (§§ 2151, 2152).

5. Ist mehreren Personen derselbe Gegenstand vermacht, ohne daß der Fall des § 2151 vorliegt, so finden hinsichtlich der Berechnung der Anteile die für die Einsetzung mehrerer Erben geltenden Vorschriften Anwendung (§§ 2157, 2089—2093, s. auch §§ 2158, 2159).

6. Der Erblasser kann auch bestimmen, daß der zuerst Bedachte den vermachten Gegenstand mit einem bestimmten Zeitpunkt oder Ereignis einem Dritten als Vermächtnis herausgeben muß (§ 2191 — Nachvermächtnis).

7. Im übrigen gelten die Auslegungsregeln der §§ 2066 ff.

IV. Gegenstand des Vermächtnisses.

1. Gegenstand des Vermächtnisses kann jeder Vermögensvorteil sein (§ 1939) — Geldsumme, eine einzelne Sache, Befreiung von einer Verbindlichkeit usw. —.

2. Der Erblasser muß zwar grundsätzlich den Gegenstand des Vermächtnisses selbst bezeichnen (§ 2065 Abs. 2). Es gelten aber folgende Ausnahmen:

a) Der Erblasser kann mehrere Gegenstände zur Wahl stellen; das Wahlrecht hat im Zweifel der B e s c h w e r t e (§§ 2154, 262).

b) Der Erblasser kann die vermachte Sache nur der Gattung nach bestimmen (§ 2155).

c) Der Erblasser kann auch nur den Zweck eines Vermächtnisses bestimmen, die Bestimmung der Leistung aber dem billigen Ermessen des Beschwerten oder eines Dritten überlassen (§ 2156 — z. B. Vermächtnis an eine Person zum Zweck der Ermöglichung des Studiums).

3. Das Vermächtnis einer Sache erstreckt sich im Zweifel auch auf das z. Zt. des Erbfalls vorhandene Zubehör, u. U. auch auf Schadenersatzansprüche wegen einer Beschädigung (§ 2164).

4. Das Vermächtnis eines Gegenstandes, der z. Zt. des Erbfalles nicht zur Erbschaft gehört, ist im Zweifel unwirksam (§ 2169 Abs. 1 und 4). Hat der Erblasser aber einen Anspruch auf Leistung dieses Gegenstandes, so gilt dieser Anspruch als vermacht (§ 2169 Abs. 3).

5. Gehört der vermachte Gegenstand z. Zt. des Erbfalls nicht zur Erbschaft und ist das Vermächtnis dahin auszulegen, daß es auch für diesen Fall gelten solle, so hat der Beschwerte den Gegenstand dem Bedachten zu verschaffen, u. U. den Wert zu entrichten (§ 2170).

6. Ist ein zur Erbschaft gehörender Gegenstand vermacht, so kann der Vermächtnisnehmer im Zweifel nicht die Beseitigung von Belastungen verlangen (§ 2165, s. auch §§ 2166, 2167).

Anders ist es aber bei dem Vermächtnis einer nur der Gattung nach bestimmten Sache und eines bestimmten nicht zur Erbschaft gehörenden Gegenstandes. Hier hat der Beschwerte den Vermächtnisgegenstand frei von Belastungen zu leisten (§ 2182 Abs. 1 und 2).

7. Eine Haftung des Beschwerten für Sachmängel besteht nur beim Gattungsvermächtnis; beim Gattungsvermächtnis kann der Vermächtnisnehmer Leistung einer mangelfreien Sache verlangen, u. U. Schadenersatz wegen Nichterfüllung (§ 2183).

8. Ein Vermächtnis, das auf eine z. Zt. des Erbfalls unmögliche oder verbotene Leistung gerichtet ist, ist unwirksam (§ 2171, s. auch §§ 2171 S. 2, 308).

V. Anfall des Vermächtnisses.

1. Wenn der Erblasser nichts Besonderes bestimmt hat, so fällt das Vermächtnis dem Vermächtnisnehmer m i t d e m E r b f a l l a n, d. h. vom Erbfall an kann er die Leistung des vermachten Gegenstandes fordern (§ 2176); das Vermächtnis kann aber auch unter aufschiebender Bedingung

oder Befristung angeordnet werden (§§ 2177, 2179, 160, 162) und bleibt dann gültig, wenn die Bedingung oder der Termin z. Zt. des Erbfalls noch nicht eingetreten ist.

Der Anfall des Vermächtnisses kann auch dadurch hinausgeschoben werden, daß der Bedachte z. Zt. des Erbfalls noch nicht erzeugt ist oder erst durch ein späteres Ereignis bestimmt werden soll (§ 2178).

2. Soll der Beschwerte die Zeit der Erfüllung des Vermächtnisses frei bestimmen können, so wird das Vermächtnis im Zweifel mit seinem Tode fällig (§ 2181).

3. Der Anfall des Vermächtnisses muß grundsätzlich innerhalb von 30 Jahren seit dem Erbfall erfolgen (§ 2162, Ausnahmen s. § 2163).

VI. Annahme und Ausschlagung des Vermächtnisses.

Nach Annahme des Vermächtnisses kann der Vermächtnisnehmer das Vermächtnis nicht mehr ausschlagen (§ 2180 Abs. 1). Annahme und Ausschlagung erfolgen durch Erklärung gegenüber dem Beschwerten, sie können vor Anfall des Vermächtnisses, aber erst nach dem Erbfall erklärt werden und sind nur gültig, wenn sie unbefristet und unbedingt erklärt werden (§ 2180 Abs. 2, s. auch § 2180 Abs. 3).

Fünfter Titel

Auflage

I. Begriff der Auflage.

Der Erblasser kann durch Verfügung von Todes wegen einen Erben oder einen Vermächtnisnehmer zu einer Leistung verpflichten, ohne zugleich einem anderen das Recht zuzuwenden, diese Leistung für sich zu fordern (§§ 1940, 1941 Abs. 1). Soll nach dem Willen des Erblassers jemand das Recht haben, die angeordnete Leistung für sich zu fordern, so liegt ein Vermächtnis vor.

II. Der Beschwerte.

Es gelten die gleichen Vorschriften wie beim Vermächtnis; mit der Auflage beschwert kann also ein Erbe oder Vermächtnisnehmer werden (§§ 1940, 2192, 2147); im Zweifel ist es der Erbe (§§ 2192, 2147, s. ferner §§ 2192 in Vbdg. mit §§ 2148, 2161).

III. Das Recht, die Vollziehung der Auflage von dem Beschwerten zu verlangen, haben der Erbe, wenn ein Vermächtnisnehmer, jeder Miterbe, wenn ein anderer Miterbe beschwert ist und schließlich derjenige, dem der Wegfall des zunächst Beschwerten unmittelbar zustatten kommen würde,

z. B. der Ersatzerbe gegenüber dem in erster Linie zum Erben Eingesetzten (§ 2194 S. 1).

Liegt die Vollziehung der Auflage im öffentlichen Interesse, so kann auch die zuständige Behörde die Vollziehung verlangen (§ 2194 S. 2).

IV. Der Gegenstand der Auflage.

1. Gegenstand der Auflage kann eine Leistung beliebiger Art, irgendein Tun oder Unterlassen sein. Es braucht sich nicht, wie beim Vermächtnis, um die Herbeiführung eines Vermögensvorteils für einen anderen zu handeln; z. B. ist die Anordnung des Erblassers, daß der Erbe des Erblassers Grab zu pflegen habe, oder daß er bestimmte Briefe zu verbrennen habe, eine Auflage.

Es kann aber auch die Leistung eines Vermögensvorteils an einen anderen als Auflage angeordnet werden, z. B. die Auflage, eine bestimmte Geldsumme unter die Armen zu verteilen (vgl. § 2072); soll freilich der Leistungsempfänger die Leistung auch selbst fordern dürfen, so liegt ein Vermächtnis vor.

2. Der Erblasser muß die Leistung, die den Gegenstand der Auflage bildet, grundsätzlich selbst bestimmen (§§ 2192, 2065 Abs. 2); doch gelten hier die gleichen Ausnahmen wie beim Vermächtnis (§§ 2192, 2154, 2155, 2156). Ferner kann der Erblasser bei der Anordnung einer Auflage, deren Zweck er bestimmt hat, die Auswahl der Leistungsempfänger dem Beschwerten oder einem Dritten überlassen (§ 2193, z. B. Verteilung einer Geldsumme unter die Armen).

V. Die Unwirksamkeit der Auflage hat im Zweifel nicht die Unwirksamkeit der mit der Auflage beschwerten Zuwendung zur Folge (§§ 2195, 2085). Bei Unmöglichkeit s. § 2196.

Sechster Titel

Testamentsvollstrecker

I. Ernennung des Testamentsvollstreckers und Beginn seines Amtes.

Der Erblasser kann durch Testament einen oder mehrere Testamentsvollstrecker bestellen (§ 2197). Hinsichtlich der Bestimmung der Person des Testamentsvollstreckers hat der Erblasser folgende Möglichkeiten:

1. Er kann die Person des Testamentsvollstreckers selbst bestimmen (§ 2197 Abs. 1).

2. Er kann die Bestimmung der Person des Testamentsvollstreckers einem Dritten überlassen; die Bestimmung durch den Dritten erfolgt durch öffentlich beglaubigte Erklärung gegenüber dem Nachlaßgericht (§ 2198).
3. Er kann einen von ihm, einem Dritten oder dem Nachlaßgericht bestellten Testamentsvollstrecker ermächtigen, einen oder mehrere Mitvollstrecker oder auch einen Nachfolger zu ernennen (§ 2199); Form der Ernennung wie in 2 (§ 2199 Abs. 3).
4. Er kann das Nachlaßgericht ersuchen, einen Testamentsvollstrecker zu ernennen (§ 2200); der Ernennungsbeschluß wird mit Zustellung an den Testamentsvollstrecker wirksam (§ 16 FGG).

Der Erblasser kann auch anordnen, daß für den Fall, daß der in erster Linie ernannte Testamentsvollstrecker wegfällt, ein anderer zum Testamentsvollstrecker bestellt wird (§ 2197 Abs. 2). Die Bestimmung der Person des Ersatztestamentsvollstreckers erfolgt in gleicher Weise wie die des in erster Linie Ernannten.

Das Amt des Testamentsvollstreckers beginnt erst mit der Annahme durch den Testamentsvollstrecker (§ 2202 Abs. 1). Annahme und Ablehnung des Amtes erfolgen durch formlose Erklärung gegenüber dem Nachlaßgericht (§ 2202 Abs. 2).

Die Ernennung eines Testamentsvollstreckers ist unwirksam, wenn er geschäftsunfähig oder in der Geschäftsfähigkeit beschränkt ist oder wenn ihm ein Gebrechlichkeitspfleger für seine Vermögensangelegenheiten bestellt ist (§ 2201).

II. Aufgaben des Testamentsvollstreckers.

1. Die einem Testamentsvollstrecker regelmäßig obliegenden Aufgaben sind:

a) Er hat die letztwilligen Verfügungen des Erblassers zur Ausführung zu bringen (§ 2203), z. B. Vermächtnisse zu erfüllen.
b) Er hat, wenn mehrere Erben vorhanden sind, die Auseinandersetzung unter ihnen nach den gesetzlichen Vorschriften oder den Anordnungen des Erblassers zu bewirken (§ 2204).
c) Er hat den Nachlaß zu verwalten (§ 2205 S. 1); diese Aufgabe hat er freilich grundsätzlich nur im Hinblick auf die beiden anderen Aufgaben, Erfüllung der letztwilligen Verfügungen und Bewirkung der Auseinandersetzung, so daß die Aufgabe der Verwaltung entfällt, wenn die beiden anderen Aufgaben erfüllt sind, womit dann die Testamentsvollstreckung überhaupt ihr Ende gefunden hat.

Der Erblasser kann aber auch einen Testamentsvollstrecker nur zur Verwaltung des Nachlasses bestellen oder anordnen, daß der

Testamentsvollstrecker auch nach Ausführung der letztwilligen Verfügungen und nach Nachlaßteilung die Verwaltung fortzuführen habe (§ 2209).

2. Der Erblasser kann den Aufgabenkreis des Testamentsvollstreckers beliebig einschränken (§ 2208 Abs. 1 S. 1).

So kann er bestimmen, daß der Testamentsvollstrecker die letztwilligen Verfügungen des Erblassers nicht zur Ausführung zu bringen habe; dann obliegt es dem Testamentsvollstrecker im Zweifel, die Ausführung von dem Erben zu verlangen (§ 2208 Abs. 2). Der Erblasser kann ferner etwa bestimmen, daß der Testamentsvollstrecker nicht den ganzen Nachlaß, sondern nur einzelne bestimmte Nachlaßgegenstände zu verwalten habe (§ 2208 Abs. 1 S. 2).

Die Einschränkung des Aufgabenkreises des Testamentsvollstreckers kann auch in der Weise erfolgen, daß der Erblasser dem Testamentsvollstrecker nur eine einzelne bestimmte Aufgabe zuweist, z. B. für die Ausführung der einem Vermächtnisnehmer auferlegten Beschwerungen zu sorgen (§ 2223).

3. Der Erblasser kann einen Testamentsvollstrecker damit beauftragen bis zum Eintritt einer angeordneten Nacherbfolge die Rechte des Nacherben auszuüben und dessen Pflichten zu erfüllen (§ 2222).

III. Die Befugnisse des Testamentsvollstreckers.

1. Der Testamentsvollstrecker ist berechtigt, den Nachlaß in Besitz zu nehmen (§ 2205 S. 2), doch nur, soweit ihm die Verwaltung des Nachlasses obliegt (§ 2208 Abs. 1 S. 2).

2. Der Testamentsvollstrecker ist berechtigt, über die Nachlaßgegenstände zu verfügen (§ 2205 S. 2), aber auch wiederum nur, soweit ihm die Verwaltung der Nachlaßgegenstände obliegt (§ 2208 Abs. 1 S. 2).

Das Recht zu unentgeltlichen Verfügungen hat der Testamentsvollstrecker aber nur, soweit sie einer sittlichen Pflicht oder einer auf den Anstand zu nehmenden Rücksicht entsprechen (§ 2205 S. 3).

Ueber Nachlaßgegenstände, die der Testamentsvollstrecker zu verwalten hat, kann der Erbe nicht verfügen, doch wird der gute Glaube des Erwerbers geschützt (§ 2211); daher ist die Testamentsvollstreckung im Grundbuch eines Nachlaßgrundstücks als Verfügungsbeschränkung des Erben einzutragen (§ 52 GBO).

Gläubiger des Erben, die nicht zugleich Nachlaßgläubiger sind, können die Zwangsvollstreckung nicht in Nachlaßgegenstände betreiben, die der Verwaltung des Testamentsvollstreckers unterliegen (§ 2214).

3. Der Testamentsvollstrecker ist berechtigt, Verbindlichkeiten für den Nachlaß einzugehen (§ 2206), grundsätzlich aber nur, soweit die Eingehung zur ordnungsmäßigen Verwaltung erforderlich ist; diese Einschränkung fällt fort:

a) Wenn es sich um eine Verbindlichkeit zu einer Verfügung über einen Nachlaßgegenstand handelt, der der Verwaltung des Testamentsvollstreckers unterliegt (§ 2206 Abs. 1 S. 2).

b) Wenn der Erblasser angeordnet hat, daß der Testamentsvollstrecker in der Eingehung von Nachlaßverbindlichkeiten nicht beschränkt sein solle (§ 2207), und ein solcher Wille des Erblassers wird im Zweifel angenommen, wenn dem Testamentsvollstrecker die Verwaltung des Nachlasses unabhängig von seinen sonstigen Aufgaben übertragen ist (§ 2209 S. 2).

Schenkungsversprechen des Testamentsvollstreckers sind aber stets unwirksam, es sei denn, daß es sich um Anstandsschenkungen handelt (§ 2207 S. 2).

Ist der Testamentsvollstrecker in der Eingehung von Nachlaßverbindlichkeiten beschränkt, so erwirbt sein Vertragsgegner aus einem ordnungsmäßiger Verwaltung widersprechendem Vertrag keine Ansprüche gegen den Nachlaß, wenn er die Ordnungswidrigkeit hätte erkennen müssen. Ist der Testamentsvollstrecker in der Eingehung von Nachlaßverbindlichkeiten nicht beschränkt, so erwirbt der Vertragsgegner Ansprüche gegen den Nachlaß selbst dann, wenn er die Ordnungswidrigkeit des Vertrags erkannte, es liege denn absichtliches Zusammenwirken mit dem Testamentsvollstrecker zum Schaden des Nachlasses vor.

Die dem Testamentsvollstrecker erteilte Ermächtigung, ordnungsmäßiger Verwaltung widersprechende Verbindlichkeiten einzugehen, wirkt aber nur nach außen; dem Erben bleibt der Testamentsvollstrecker zu ordnungsmäßiger Verwaltung verpflichtet und macht sich durch Verletzung dieser Pflicht schadensersatzpflichtig (§§ 2220, 2216).

4. Der Erblasser kann dem Testamentsvollstrecker auch die ihm regelmäßig zustehenden Befugnisse entziehen, und das braucht nicht ausdrücklich zu geschehen (§ 2208 Abs. 1 S. 1).

5. Prozeßführungsrecht des Testamentsvollstreckers bzw. des Erben.

a) In Aktivprozessen, d. h. wenn ein zum Nachlaß gehörendes Recht gerichtlich geltend gemacht wird, kommt es darauf an, wessen Verwaltung das Recht unterliegt: Unterliegt es der des Testamentsvollstreckers, so ist dieser ausschließlich prozeßführungsberechtigt (§ 2212), andernfalls nur der

Erbe. Soweit der Testamentsvollstrecker prozeßführungsberechtigt ist, wirkt das Urteil auch für und gegen den Erben (§ 327 Abs. 1 ZPO).

b) In Passivprozessen, d. h. wenn ein Anspruch gegen den Nachlaß gerichtlich geltend gemacht wird, ist zu unterscheiden:

aa) Der Testamentsvollstrecker verwaltet den ganzen Nachlaß: Der Anspruch (ausgenommen Pflichtteilsanspruch s. unten cc) kann sowohl gegen den Erben als auch gegen den Testamentsvollstrecker gerichtlich geltend gemacht werden, beide sind prozeßführungsberechtigt (§ 2213 Abs. 1 S. 1).

Zur Zwangsvollstreckung in den Nachlaß ist aber ein gegen den Testamentsvollstrecker ergangenes Urteil erforderlich, freilich auch genügend (§ 748 Abs. 1 ZPO). Das gegenüber dem Testamentsvollstrecker ergangene Urteil wirkt für und gegen den Erben (§ 327 Abs. 2 ZPO).

bb) Der Testamentsvollstrecker verwaltet nur einzelne Nachlaßgegenstände oder überhaupt nichts: Nur der Erbe ist prozeßführungsberechtigt (§ 2213 Ab. 1 S. 2). Verwaltet der Testamentsvollstrecker einzelne Nachlaßgegenstände, so kann der Gläubiger in diese nur vollstrecken, wenn der Testamentsvollstrecker zur Duldung der Zwangsvollstreckung verurteilt ist (§ 748 Abs. 2 ZPO).

cc) Wird ein Pflichtteilsanspruch geltend gemacht, so gelten die Regeln wie unter bb) auch dann, wenn der Testamentsvollstrecker den ganzen Nachlaß verwaltet (§ 2213 Abs. 1 S. 3 BGB, § 748 Abs. 3 ZPO).

c) Das Prozeßführungsrecht des Testamentsvollstreckers ist unabhängig davon, ob der Erbe die Erbschaft schon angenommen hat oder nicht (§ 2213 Abs. 2).

6. Mehrere Testamentsvollstrecker führen das Amt gemeinschaftlich; bei einer Meinungsverschiedenheit entscheidet das Nachlaßgericht. Fällt einer von ihnen weg, so führen die übrigen das Amt allein. Der Erblasser kann abweichende Anordnungen treffen (§ 2224).

IV. Das Rechtsverhältnis zwischen dem Erben und dem Testamentsvollstrecker.

1. Der Testamentsvollstrecker ist zur ordnungsmäßigen Verwaltung des Nachlasses verpflichtet (§ 2216 Abs. 1); doch hat der Testamentsvollstrecker zunächst die besonderen Anordnungen zu befolgen, die der Erblasser etwa getroffen hat, und kann erst bei erheblicher Gefährdung des Nachlasses deren Außerkraftsetzung durch das Nachlaßgericht beantragen (§ 2216 Abs. 2 S. 2).

2. Der Testamentsvollstrecker hat dem Erben ein Verzeichnis der seiner Verwaltung unterliegenden Nachlaßgegenstände und der bekannten Nachlaßverbindlichkeiten mitzuteilen (§ 2215).

Nachlaßgegenstände hat er dem Erben auf Verlangen zu freier Verfügung zu überlassen, wenn er ihrer zur Erfüllung seiner Aufgaben offenbar nicht bedarf (§ 2217).

Der Testamentsvollstrecker darf die Testamentsvollstreckung nicht einem Dritten übertragen, er muß dem Erben Auskunft erteilen, alles was er aus der Verwaltung des Nachlasses erlangt, herausgeben, Geld, das er für sich verwendet, verzinsen und bei länger dauernder Verwaltung auf Verlangen jährlich Rechnung legen (§ 2218).

3. Der Testamentsvollstrecker kann eine angemessene Vergütung verlangen, es sei denn, daß der Erblasser ein anderes bestimmt hat (§ 2223). Er kann Ersatz seiner Aufwendungen verlangen, die er für erforderlich halten durfte (§§ 2218, 670).

4. Der Testamentsvollstrecker haftet dem Erben für jedes Verschulden. Soweit ein Vermächtnis zu vollziehen ist, haftet er auch dem Vermächtnisnehmer (§ 2219).

V. Ende des Amtes des Testamentsvollstreckers.

1. Das Amt des Testamentsvollstreckers endet, wenn er stirbt, geschäftsunfähig oder in der Geschäftsfähigkeit beschränkt wird oder einen Gebrechlichkeitspfleger erhält (§ 2225).

2. Der Testamentsvollstrecker kann das Amt jederzeit mit sofortiger Wirkung kündigen; er kann aber auf das Kündigungsrecht mit der Wirkung verzichten, daß eine Kündigung nur bei Vorliegen eines wichtigen Grundes wirksam ist. Unzeitige Kündigung macht den Testamentsvollstrecker u. U. schadensersatzpflichtig. Die Kündigung erfolgt durch formlose Erklärung gegenüber dem Nachlaßgericht (§§ 2226, 671 Abs. 2 und 3).

3. Das Nachlaßgericht kann den Testamentsvollstrecker auf Antrag eines Beteiligten aus wichtigem Grunde entlassen (§ 2227).

Siebenter Titel

Errichtung und Aufhebung eines Testaments

Die Vorschriften des BGB in dem Titel „Errichtung und Aufhebung eines Testaments" sowie ein Teil der Vorschriften des Titels „Gemeinschaftliches Testament" und des Abschnitts „Erbvertrag" sind durch das „Gesetz über die Errichtung von Testamenten und Erbverträgen" (TG. vom

31. 7. 38 — RGBl. I S 973 —) aufgehoben worden (§ 50 Abs. 3 Z. 1 TG). Es handelt sich vor allem um Vorschriften, welche die Fähigkeit zur Errichtung von Testamenten und Erbverträgen, die Form von Testamenten und Erbverträgen und den Widerruf von Testamenten betreffen.

I. Testierfähigkeit.

1. Unfähig zur Errichtung eines Testamentes sind

a) Minderjährige unter 16 Jahren (§ 1 Abs. 2 TG).

b) Entmündigte, und zwar von der Stellung des Entmündigungsantrages an, sofern auf Grund des Antrages die Entmündigung ausgesprochen wird (§ 2 Abs. 1 TG). Gleichgültig ist, ob die Entmündigung wegen Geisteskrankheit oder wegen Geistesschwäche, Verschwendung oder Trunksucht erfolgt, obwohl in den letzten 3 Fällen die Entmündigung als solche nur beschränkte Geschäftsfähigkeit herbeiführt (§ 114 BGB); von Bedeutung ist der Unterschied für die Möglichkeit des Widerrufs eines Testamentes (§ 32 Abs. 2 TG).

Die Unfähigkeit endet mit dem Antrag auf Wiederaufhebung der Entmündigung (§§ 675 ff. ZPO), wenn dem Antrag stattgegeben wird (§ 3 Abs. 2 TG).

Hat ein Entmündigter ein Testament errichtet, bevor der Entmündigungsbeschluß unanfechtbar geworden ist (§ 664 ZPO), und stirbt er dann vor Eintritt der Unanfechtbarkeit, so steht die Entmündigung der Gültigkeit des Testaments nicht im Wege (§ 3 Abs. 1 TG); doch kann natürlich das Testament nach § 2 Abs. 2 TG (s. c) nichtig sein.

c) Personen, die wegen krankhafter Störung der Geistestätigkeit, wegen Geistesschwäche oder wegen Bewußtseinsstörung (z. B. Trunkenheit) nicht in der Lage sind, die Bedeutung einer von ihnen abgegebenen Willenserklärung einzusehen und nach dieser Einsicht zu handeln (§ 2 Abs. 2 TG). Diese Bestimmung entspricht in anderer Formulierung den §§ 104 Z. 2, 105 Abs. 2 BGB.

Ein an sich dauernd Geisteskranker kann in lichten Momenten ein gültiges Testament errichten, sofern er nicht entmündigt ist.

2. Minderjährige oder unter vorläufige Vormundschaft gestellte Volljährige (§ 1906 BGB) bedürfen, soweit sie überhaupt testierfähig sind, zur Errichtung eines Testaments nicht der Zustimmung ihres gesetzlichen Vertreters (§ 1 Abs. 3 TG).

II. Testamentsformen.

Testamente können von dem Erblasser stets nur persönlich, nie durch einen Vertreter errichtet werden (§ 1 Abs. 1 TG).

Man unterscheidet ordentliche Testamentsformen und außerordentliche für die sogen. Nottestamente.

1. Ordentliche Testamente (§ 4 TG).

a) Das eigenhändige Testament, Privattestament.

Es wird errichtet durch eine von dem Erblasser eigenhändig geschriebene und unterschriebene Erklärung (§ 21 Abs. 1 TG). Auch der Testamentstext muß also vom Erblasser selbst geschrieben werden, und zwar handschriftlich, Schreibmaschinenschrift genügt nicht. Die früher (§ 2231 Z. 2 BGB) zwingend vorgeschriebene Angabe von Ort und Tag der Errichtung ist nicht mehr erforderlich (§ 21 Abs. 2 TG), aber wegen § 21 Abs. 5 TG rätlich.

Die Unterschrift soll den Vornamen und den Familiennamen enthalten. Unterschrift in anderer Weise, z. B. nur mit dem Vornamen, ist aber nicht grundsätzlich ausgeschlossen (§ 21 Abs. 3 TG).

Minderjährige und Personen, die Geschriebenes nicht lesen können, z. B. Blinde, können kein eigenhändiges Testament errichten (§ 21 Abs. 4 TG).

Auch Privattestamente können in besondere amtliche Verwahrung gebracht werden (§ 22 TG).

b) Das ordentliche öffentliche Testament.

Es wird errichtet vor einem Richter (eines Amtsgerichts, § 167 FGG) oder vor einem Notar (§ 4 Z. 1 TG), und zwar (§ 11 Abs. 1 u. 2 TG)

aa) durch mündliche Erklärung des letzten Willens oder

bb) durch Uebergabe einer offenen oder verschlossenen Schrift mit der mündlichen Erklärung, daß die Schrift den letzten Willen enthalte; die Schrift braucht nicht von dem Erblasser geschrieben zu sein.

Minderjährige können ein öffentliches Testament nur durch mündliche Erklärung oder Uebergabe einer offenen Schrift, Personen, die Geschriebenes nicht lesen können, nur durch mündliche Erklärung errichten (§ 11 Abs. 3 u. 4 TG), Stumme oder sonst am Sprechen Verhinderte nur durch Uebergabe einer Schrift (§ 17 TG); die Letztgenannten müssen die Erklärung, daß die übergebene Schrift ihren letzten Willen enthalte, schriftlich abgeben (§ 17 Abs. 1 S. 2 TG).

Richter und Notar amtieren bei der Beurkundung des Testaments grundsätzlich allein, können aber einen Urkundsbeamten der Geschäftsstelle bzw. einen zweiten Notar oder 2 Zeugen hinzuziehen (§ 6 Abs. 2 TG) und müssen es, wenn der Erblasser nach ihrer Ueberzeugung taub, blind, stumm oder sonst am Sprechen verhindert ist (§ 6 Abs. 1 TG).

Ausgeschlossen von der Mitwirkung als Richter, Notar, Urkundsbeamter oder Zeuge ist (§ 7 TG):

aa) der Ehegatte des Erblassers, auch wenn die Ehe nicht mehr besteht,

bb) wer mit dem Erblasser in gerader Linie oder im zweiten Grade der Seitenlinie verwandt oder verschwägert ist.

Mitwirkung eines nach § 7 ausgeschlossenen Richters oder beurkundenden Notars macht das Testament nichtig (§ 48 Abs. 1 TG); Mitwirkung eines nach § 7 ausgeschlossenen Urkundsbeamten der Geschäftsstelle, Zeugen oder zweiten Notars macht das Testament nur dann nichtig, wenn die Zuziehung zwingend (§§ 6 Abs. 1, 16 Abs. 3 S. 2 TG) vorgeschrieben ist.

Wirkt ein in dem Testament Bedachter oder zum Testamentsvollstrecker Bestellter als Richter, Notar, Urkundsbeamter der Geschäftsstelle oder Zeuge mit, so ist die Zuwendung an ihn oder die Ernennung zum Testamentsvollstrecker nichtig und das gleiche gilt, wenn der Bedachte oder zum Testamentsvollstrecker Bestellte der Ehegatte des Richters, Notars usw. oder mit ihm nach Maßgabe des § 7 Z. 2 TG verwandt oder verschwägert ist (§ 8 TG). Das Testament bleibt im übrigen im Zweifel wirksam (§ 2085 BGB).

Weitere Ausschließungsgründe für Urkundspersonen und Zeugen in §§ 9 u. 10 TG; die Verletzung dieser Vorschriften (Sollvorschriften im Gegensatz zu Mußvorschriften) berührt aber die Gültigkeit des Testaments nicht.

Die bei der Errichtung des Testaments mitwirkenden Personen müssen bei der ganzen Verhandlung zugegen sein (§ 12 TG).

Ueber die Errichtung des Testaments muß eine Niederschrift in deutscher Sprache aufgenommen werden (§ 13 TG); deren notwendiger Inhalt (Nichtigkeit bei Fehlen) ist:

aa) Angabe des Tages der Verhandlung. Unrichtige Angabe kein Ungültigkeitsgrund (Abs. 2 Z. 1, Abs. 5), fehlende Angabe kann durch Angabe seitens des Richters oder Notars auf dem Testamentsumschlag ersetzt werden (Abs. 4);

bb) Bezeichnung des Erblassers und der mitwirkenden Personen;

cc) die nach § 11 TG erforderlichen Erklärungen des Erblassers und im Falle der Uebergabe einer Schrift die Feststellung der Uebergabe.

Angabe des Ortes der Verhandlung ist nur durch Sollvorschrift vorgeschrieben (§ 13 Abs. 3 TG), also keine Nichtigkeit des Testaments bei Fehlen der Ortsangabe.

Verhaltungsmaßregeln für den Richter bzw. Notar in §§ 14, 15 TG; bloße Ordnungsvorschriften, also keine Nichtigkeit des Testaments bei Verletzung.

Die Niederschrift muß vorgelesen, vom Erblasser genehmigt und von ihm eigenhändig unterschrieben werden; dies soll — keine Ungültigkeit bei Unterlassung — in der Niederschrift festgestellt werden (§ 16 TG). Auch die mitwirkenden Personen müssen unterschreiben (§ 16 Abs. 4). Weitere Formvorschriften für Taube und Schreibensunkundige in § 16 Abs. 2 u. 3.

Ist der Erblasser nach der Ueberzeugung des Richters oder Notars der deutschen Sprache nicht mächtig, so ist Zuziehung eines vereideten Dolmetschers zwingend erforderlich (§ 18 TG), doch kann auch die Niederschrift ohne Zuziehung eines Dolmetschers in der fremden Sprache erfolgen, wenn alle mitwirkenden Personen dieser Sprache mächtig sind (§ 19 TG). Auch ein Dolmetscher kann nach den §§ 7—10 von der Mitwirkung ausgeschlossen sein (§ 18 Abs. 1 S. 2).

Das öffentliche Testament soll von dem Richter oder Notar in Gegenwart der übrigen mitwirkenden Personen und des Erblassers in einen Umschlag getan und dieser mit dem Amtssiegel verschlossen werden; auf dem Umschlag soll das Testament näher bezeichnet werden (§ 20 Abs. 1); das Testament soll alsdann in besondere amtliche Verwahrung gebracht werden (Abs. 2) — bloße Ordnungsvorschriften, keine Ungültigkeit des Testaments bei Verletzung.

2. Außerordentliche Testamente (Nottestamente).

a) Nottestament vor dem Bürgermeister.

Der Erblasser kann ein Testament vor dem Bürgermeister der Gemeinde, in der er sich aufhält, errichten, wenn zu besorgen ist, daß er sterben werde, bevor ein Testament vor einem Richter oder Notar errichtet werden kann (§ 23 TG, s. auch Abs. 4 u. 5). Es müssen 2 Zeugen zugezogen werden. Hinsichtlich der mitwirkenden Personen, des Vorgangs der Testamentserrichtung und der Abfassung der Niederschrift gelten die gleichen Vorschriften wie für gerichtliche und notarielle Testamente (§§ 23 Abs. 1 S. 3, 7—20 TG). Doch schadet u. U. auch die Verletzung zwingender Formvorschriften über die Abfassung der Niederschrift nicht (§ 23 Abs. 6), wohl aber die Verletzung anderer zwingender Vorschriften, z. B. über die Ausschließung von Personen bei der Mitwirkung; dabei ist zu beachten, daß die Zuziehung von Zeugen hier stets zwingend vorgeschrieben ist.

Die Niederschrift soll — bloße Ordnungsvorschrift — die Feststellung der Besorgnis enthalten, daß die Errichtung eines Testaments vor einem Richter oder Notar nicht möglich sein werde. Die Besorgnis braucht nicht begründet (§ 23 Abs. 2 S. 2), sie muß aber bei dem Bürgermeister wirklich vorhanden gewesen sein, andernfalls ist das Testament nichtig.

Ein Nottestament vor dem Bürgermeister ist auch dann zulässig, wenn sich der Erblasser an einem Ort aufhält, der infolge außerordentlicher Umstände (Krieg, Ueberschwemmung) derart abgesperrt ist, daß ein Richter oder Notar nicht oder nur sehr schwer erreichbar ist; Lebensgefahr für den Erblasser braucht hier nicht zu bestehen (§ 24 Abs. 1 TG). Auch hier ist nicht erforderlich, daß der Aufenthaltsort des Erblassers tatsächlich im Sinne des § 24 Abs. 1 abgesperrt ist, sofern nur der Bürgermeister diese Ueberzeugung hat.

b) Nottestament vor 3 Zeugen (§ 24 TG).

Es ist zulässig, wenn sich der Erblasser an einem abgesperrten Ort aufhält (§ 24 Abs. 1) oder sich in so naher Todesgefahr befindet, daß auch die Zuziehung des Bürgermeisters nicht mehr möglich ist (§ 24 Abs. 2). Dieses Testament kann nur durch mündliche Erklärung, nicht durch Uebergabe einer Schrift errichtet werden. Eine Niederschrift ist vorgeschrieben und hat in den gleichen Formen wie sonst zu erfolgen (§ 24 Abs. 3); doch gilt auch hier § 23 Abs. 6 Hinsichtlich der Zeugen gelten die gleichen Vorschriften wie beim ordentlichen öffentlichen Testament (§ 24 Abs. 3).

Das Nottestament vor 3 Zeugen ist ferner zulässig, wenn sich der Erblasser während einer Seereise an Bord eines deutschen Fahrzeuges außerhalb eines inländischen Hafens befindet (Seetestament), § 25 TG.

Alle Nottestamente werden mit Ablauf von 3 Monaten seit der Errichtung unwirksam, wenn der Erblasser dann noch lebt (§ 26 Abs. 1 TG).

Beginn und Lauf der Frist sind gehemmt, solange der Erblasser außerstande ist, ein Testament vor einem Richter oder Notar zu errichten (§ 26 Abs. 1, s. ferner Abs. 3 und 4).

3. Testamente von ehemaligen Wehrmachtangehörigen.

Für Testamente von Wehrmachtangehörigen waren besondere Formen vorgesehen (§ 27 TG).

III. Aufhebung eines Testaments.

Sowohl ein Testament im ganzen wie jede einzelne Verfügung eines Testaments kann von dem Erblasser jederzeit widerrufen werden (§ 32 TG).

Auch ein wegen Geistesschwäche, Verschwendung oder Trunksucht Entmündigter, nicht aber ein wegen Geisteskrankheit Entmündigter, der ja geschäftsunfähig ist, kann ein früher errichtetes Testament widerrufen (§ 32 Abs. 2 TG). Der Widerruf kann erfolgen

1. durch ausdrücklichen Widerruf in einem neuen Testament (§ 33 Abs. 1 TG). Der Widerruf des Widerrufs macht im Zweifel das widerrufene Testament wieder wirksam (§ 35 TG);
2. durch Errichtung eines neuen Testaments mit widersprechendem Inhalt; das frühere Testament wird insoweit aufgehoben, als es mit dem späteren in Widerspruch steht (§ 36 Abs. 1 TG). Diese Möglichkeit des Widerrufs hat ein wegen Geistesschwäche, Verschwendung oder Trunksucht Entmündigter nicht, da er ein Testament mit positivem Inhalt nicht errichten kann.

   Durch Widerruf des späteren Testaments wird das frühere im Zweifel wieder wirksam (§ 36 Abs. 2 TG);
3. dadurch, daß der Erblasser in der Absicht, das Testament aufzuheben, die Testamentsurkunde vernichtet oder an ihr Veränderungen vornimmt, z. B. sie durchstreicht, durch die der Wille, eine schriftliche Willenserklärung aufzuheben, ausgedrückt zu werden pflegt (§ 33 Abs. 2 TG).

   Die Absicht der Aufhebung wird in diesen Fällen vermutet (§ 33 Abs. 2 S. 2);
4. bei Testamenten, die vor einem Richter, Notar oder Bürgermeister errichtet sind, dadurch, daß die in amtliche Verwahrung genommene Urkunde dem Erblasser zurückgegeben wird (§ 34 Abs. 1).

Die Rückgabe kann von dem Erblasser jederzeit verlangt werden und darf nur an ihn persönlich erfolgen (§ 34 Abs. 2 TG).

Die Rückgabe eines privatschriftlichen in amtliche Verwahrung genommenen Testaments ist auf dessen Wirksamkeit ohne Einfluß (§ 34 Abs. 3 TG).

IV. Amtliche Verwahrung und Eröffnung von Testamenten.

1. Für die amtliche Verwahrung von Testamenten sind die Amtsgerichte zuständig (§ 37 TG).

2. Alle Testamente sind zu eröffnen, und zwar von dem Nachlaßgericht oder dem verwahrenden Gericht (§§ 40, 41 TG). Befinden sie sich nicht in amtlicher Verwahrung, so sind sie zwecks Eröffnung an das Nachlaßgericht abzuliefern (§ 39 TG). Die Eröffnung geschieht von Amts wegen, sobald das Gericht von dem Tode des Erblassers Kenntnis erlangt hat.

Die Eröffnung besteht in der Oeffnung des Testaments, wenn es verschlossen war, in der Verkündung und evtl. Vorlegung (§ 40 Abs. 2 TG).

Ein Verbot der Eröffnung ist nichtig (§ 43 TG). S. auch § 46 TG.

Achter Titel

Gemeinschaftliche Testamente

I. Nur Ehegatten können ein gemeinschaftliches Testament errichten (§ 28 TG); das gemeinschaftliche Testament kann sowohl ein öffentliches wie ein privates sein. Ein gemeinschaftliches Privattestament ist schon dann gültig, wenn ein Ehegatte den Text des Testaments eigenhändig schreibt und unterschreibt, der andere nur mitunterschreibt (§ 28 Abs. 2 TG). Datierung der Mitunterschrift nicht zwingend vorgeschrieben (Abs. 2 S. 2).

Auch andere Formen gemeinschaftlicher Privattestamente sind zulässig: Es kann der eine Ehegatte dem von dem anderen geschriebenen und unterschriebenen Testament die ausdrückliche schriftliche und von ihm unterschriebene Erklärung hinzufügen, daß dieses Testament auch als das seine gelten solle; oder es kann jeder seine Verfügungen niederschreiben und dieses so gefertigte Schriftstück wird dann von beiden Ehegatten unterschrieben.

Ein gemeinschaftliches Nottestament kann von Ehegatten schon dann errichtet werden, wenn die Voraussetzungen für die Errichtung eines Nottestaments nur bei einem Ehegatten vorliegen (§ 28 Abs. 3 TG).

Ein gemeinschaftliches Testament ist unwirksam, wenn die Ehe nichtig ist, wenn sie vor dem Tode eines der Ehegatten aufgelöst worden ist oder wenn einer der Ehegatten z. Zt. seines Todes auf Scheidung oder Aufhebung der Ehe zu klagen berechtigt war und die Klage erhoben hatte, sofern im Falle der Scheidung oder Aufhebung der andere Ehegatte als schuldig anzusehen wäre; die Unwirksamkeit ergreift das ganze Testament, nicht nur die Verfügungen jedes Ehegatten zu Gunsten des anderen (§§ 2268, 2077). Die Unwirksamkeit tritt aber, abgesehen von dem Fall der Nichtigkeit der Ehe, nur im Zweifel ein (§ 2268 Abs. 2).

II. Inhalt und Auslegung gemeinschaftlicher Testamente, Widerruf.

1. Haben sich die Ehegatten in einem gemeinschaftlichen Testament gegenseitig zu Erben eingesetzt und bestimmt, daß nach dem Tode des

Ueberlebenden der beiderseitige Nachlaß an einen Dritten fallen solle, so bestehen zwei Auslegungsmöglichkeiten:

a) Der Ueberlebende ist unbeschränkter Erbe des zuerst Verstorbenen und der Dritte erhält den gesamten Nachlaß, also auch den des zuerst Verstorbenen erst als Erbe des überlebenden Ehegatten; diese Auslegung gilt im Zweifel (§ 2269);

b) der Ueberlebende ist nur Vorerbe des zuerst Verstorbenen und der Dritte erhält den Nachlaß des Ueberlebenden als dessen Erbe, den Nachlaß des zuerst Verstorbenen als dessen Nacherbe; beide Nachlässe bleiben also getrennt.

Haben die Ehegatten in einem solchen Testament ein Vermächtnis angeordnet, das erst nach dem Tode des Ueberlebenden erfüllt werden soll, so gilt als Zeitpunkt des Anfalls des Vermächtnisses im Zweifel der Tod des Ueberlebenden (§ 2269 Abs. 2); das Vermächtnis wird also als ein solches aus dem Nachlaß des Letztversterbenden angesehen, dessen Tod der Vermächtnisnehmer erleben muß (§ 2160).

2. Die Verfügungen der Ehegatten in einem gemeinschaftlichen Testament können unabhängig voneinander sein; es kann aber auch anzunehmen sein, daß eine Verfügung des einen Ehegatten nicht ohne eine bestimmte des anderen getroffen sein würde; in diesem Fall hat die Nichtigkeit oder der Widerruf der einen Verfügung die Unwirksamkeit der anderen zur Folge (§ 2270 Abs. 1); solche Verfügungen werden wechselbezüglich (korrespektiv) genannt. Wechselbezüglichkeit liegt im Zweifel vor,

a) wenn sich die Ehegatten gegenseitig bedenken,

b) wenn dem einen Ehegatten von dem anderen eine Zuwendung gemacht wird und der Bedachte für den Fall seines Ueberlebens eine Verfügung zugunsten einer Person trifft, die mit dem anderen Ehegatten verwandt ist oder ihm sonst nahesteht (§ 2270 Abs. 2).

Wechselbezüglich können nur sein Erbeinsetzungen, Vermächtnisse oder Auflagen (§ 2270 Abs. 3).

3. Für den Widerruf wechselbezüglicher Verfügungen gelten besondere Bestimmungen. Solange beide Ehegatten leben, kann nicht einer von ihnen durch neues Testament einseitig eine wechselbezügliche Verfügung aufheben. Der Widerruf ist vielmehr nur möglich durch ein gemeinschaftliches Testament oder einen Erbvertrag der Ehegatten oder durch gerichtlich oder notariell beurkundete Erklärung des einen Ehe-

gatten gegenüber dem anderen (§§ 2271, 2296), die zum Zwecke der Sicherung des Beweises des Zugehens im allgemeinen förmlich zugestellt werden wird.

Ein teilweiser Widerruf liegt auch in der Beeinträchtigung des Rechts des Bedachten, z. B. durch Anordnung eines Vermächtnisses, einer Testamentsvollstreckung usw.

Nach dem Tode des einen Ehegatten kann der andere seine wechselbezügliche Verfügung nur aufheben, wenn er das ihm Zugewendete ausschlägt, oder wenn sich der von ihm Bedachte einer Verfehlung schuldig macht, die zur Entziehung des Pflichtteils berechtigen würde (§ 2271 Abs. 2, s. auch Abs. 3). Ferner wird angenommen, daß der Ueberlebende nach Analogie der §§ 2281 ff. wie beim Erbvertrag ein Anfechtungsrecht hat.

Nichtwechselbezügliche Verfügungen in einem gemeinschaftlichen Testament können wie sonstige testamentarische Verfügungen aufgehoben werden, also z. B. dadurch, daß der Ehegatte, der diese Verfügung getroffen hat, sie durchstreicht oder sie in einem neuen Testament aufhebt.

4. Ein gemeinschaftliches Testament kann nur von beiden Ehegatten aus der amtlichen Verwahrung zurückgenommen werden (§ 34 Abs. 4 TG). Wegen der Eröffnung s. § 44 TG.

Vierter Abschnitt

Erbvertrag

I. Abschluß und Form des Erbvertrages.

Der Erblasser kann einen Erbvertrag nur persönlich schließen (§ 39 Abs. 1 TG); der Vertragsgegner kann sich vertreten lassen. Der Erblasser muß unbeschränkt geschäftsfähig sein (§ 29 Abs. 2 TG), nur für Erbverträge unter Ehegatten und Verlobten gilt eine Ausnahme (§ 29 Abs. 3 u. 4 TG). Erbverträge sind nicht wie gemeinschaftliche Testamente auf Ehegatten beschränkt.

Ein Erbvertrag kann nur vor einem Richter oder Notar bei gleichzeitiger Anwesenheit beider Teile geschlossen werden (§ 30 TG). Es gelten die gleichen Formvorschriften wie für öffentliche Testamente, und soweit persönliche Eigenschaften (z. B. Blindheit) oder Beziehungen zu den mitwirkenden Personen (z. B. § 7 TG) von Bedeutung sind, kommt es auf jeden Vertragschließenden an.

§ 30 Abs. 2 TG ohne wesentliche Bedeutung, da sich Formerleichterung für Ehevertrag nur aus § 174 FGG verglichen mit § 12 TG ergibt.

Auch die über einen Erbvertrag aufgenommene Urkunde soll in amtliche Verwahrung gebracht werden, es sei denn, daß die Parteien das

Gegenteil verlangen (§ 31 TG). Ein Erbvertrag ist ebenso wie ein Testament nach dem Erbfall zu eröffnen (§ 45 TG).

II. Inhalt und Auslegung des Erbvertrags.

Nur Erbeinsetzungen, Vermächtnisse und Auflagen können in einem Erbvertrage als vertragsmäßige Verfügungen getroffen werden (§ 2278 Abs. 2). Der Erbvertrag kann aber auch einseitige Verfügungen jedes Vertragsschließenden enthalten, und zwar alle Verfügungen, die durch Testament getroffen werden können (§ 2299).

Ein Erbvertrag kann mit einem anderen Vertrag in derselben Urkunde verbunden werden (§ 31 Abs. 1 S. 3 TG).

Für vertragsmäßige Zuwendungen und Auflagen gelten die gleichen Vorschriften wie für testamentarische Zuwendungen und Auflagen (§ 2279), es finden also Anwendung die §§ 2065 ff., 2087 ff., usw.

Auf einen Erbvertrag unter Ehegatten finden die für gemeinschaftliche Testamente geltenden Vorschriften des § 2269 Anwendung.

III. Bindung des Erblassers durch den Erbvertrag.

1. Durch den Erbvertrag gibt der Erblasser das Recht, über sein Vermögen unter Lebenden zu verfügen, nicht auf (§ 2286). Hat der Erblasser aber eine Schenkung gemacht in der Absicht, den Vertragserben zu beeinträchtigen, so hat dieser nach dem Erbfall einen Anspruch gegen den Beschenkten auf Herausgabe des Geschenks nach den Vorschriften über die Herausgabe einer ungerechtfertigten Bereicherung (§ 2287).

Dem vertragsmäßigen Vermächtnisnehmer haftet der Erbe auf Wertersatz, wenn der Erblasser den vermachten Gegenstand, in der Absicht, dem Bedachten zu schaden, zerstört, beiseitegeschafft oder beschädigt hat (§ 2288 Abs. 1); hat der Erblasser in dieser Absicht den vermachten Gegenstand veräußert oder belastet, so ist der Erbe verpflichtet, dem Bedachten den Gegenstand zu verschaffen oder die Belastung zu beseitigen (§ 2288 Abs. 2).

2. Durch Verfügungen von Todes wegen (Testament, Erbvertrag) kann der Erblasser das Recht des vertragsmäßig Bedachten nicht beeinträchtigen; eine spätere Verfügung von Todeswegen, die das Recht des Bedachten beeinträchtigt, ist unwirksam (§ 2289 Abs. 1 S. 2 — Ausnahmen s. unten IV); eine früher errichtete Verfügung von Todes wegen wird aber bei Widerspruch mit dem Recht des vertragsmäßig Bedachten durch den Erbvertrag nur dann aufgehoben (§ 2289

Abs. 1 S. 1), wenn es sich um eine letztwillige (Testament) handelt, da der Erblasser an einen früheren Erbvertrag nach Abs. 1 S. 2 gebunden ist.

Doch kann der Erblasser den Bedachten, wenn dieser ein pflichtteilsberechtigter Abkömmling von ihm ist, hinsichtlich der vertraglichen Zuwendung wegen Ueberschuldung oder Verschwendung gemäß § 2338 beschränken (§ 2289 Abs. 2).

IV. Aufhebung des Erbvertrags.

1. Dieselben Personen, die den Erbvertrag geschlossen haben, können ihn jederzeit durch einen neuen Vertrag, sei es ganz, sei es teilweise, wieder aufheben (§ 2290 Abs. 1).

Der Aufhebungsvertrag kann von dem Erblasser nur persönlich geschlossen werden; er kann sich nicht vertreten lassen, wohl aber der Vertragsgegner. Ist der Erblasser nur beschränkt geschäftsfähig, so bedarf er doch nicht der Zustimmung seines gesetzlichen Vertreters (§ 2290 Abs. 2). Ist der Vertragsgegner nicht voll geschäftsfähig, so ist die Genehmigung des Vormundschaftsgerichts erforderlich (§ 2290 Abs. 3, Ausnahme s. Abs. 3 S. 2).

Für den Aufhebungsvertrag gelten die gleichen Formvorschriften wie für den Erbvertrag (§ 2290 Abs. 4).

Nach dem Tode einer der Personen, die den Erbvertrag geschlossen haben, ist eine Aufhebung nicht mehr möglich (§ 2290 Abs. 1 S. 2).

2. Die Aufhebung einer vertragsmäßigen Verfügung, durch die ein Vermächtnis oder eine Auflage angeordnet ist, kann auch durch Testament des Erblassers unter Zustimmung des Vertragsgegners geschehen. Das Testament kann ein privatschriftliches sein, die Zustimmungserklärung muß dagegen gerichtlich oder notariell beurkundet werden (§ 2291).

3. Ein Erbvertrag zwischen Ehegatten kann auch durch gemeinschaftliches Testament der Ehegatten aufgehoben werden (§ 2292).

V. Anfechtung des Erbvertrags.

1. Anfechtungsgründe.

Ein Erbvertrag kann aus denselben Gründen angefochten werden wie ein Testament (§§ 2279, 2078, 2079), also wegen Irrtums des Erblassers über den Inhalt des Erbvertrags, wegen Irrtums im Beweggrund, wegen widerrechtlicher Drohung, wegen ungewollter Uebergehung eines Pflichtteilsberechtigten.

2. Anfechtungsberechtigte.

Anfechtungsberechtigt sind die gleichen Personen, die auch ein Testament anfechten können, also diejenigen, denen die Aufhebung des Erbvertrags unmittelbar zustatten kommen würde (§§ 2279, 2080), diese natürlich erst nach dem Tode des Erblassers, aber auch der Erblasser selbst (§ 2281), der ein Anfechtungsrecht hinsichtlich eines von ihm errichteten Testaments nicht hat, da er es jederzeit widerrufen kann.

3. Form und Frist der Anfechtung.

Die Anfechtung des Erbvertrags durch den Erblasser bedarf der gerichtlichen und notariellen Beurkundung und kann nicht durch einen Vertreter erfolgen, es sei denn, daß der Erblasser geschäftsunfähig ist (§ 2282); sie muß binnen Jahresfrist erfolgen (§ 2283, Fristbeginn s. Abs. 2), und zwar gegenüber dem Vertragsgegner (§ 143) und nach dessen Tode gegenüber dem Nachlaßgericht (§ 2281 Abs. 2). Die Anfechtung nach dem Tode des Erblassers geschieht wie die Anfechtung eines Testaments, also bei Erbeinsetzungen und Auflagen gegenüber dem Nachlaßgericht, bei Vermächtnissen gegenüber dem Vermächtnisnehmer (§§ 2279, 2081); sie ist formlos und kann nicht mehr erfolgen, wenn der Erblasser das Anfechtungsrecht schon verloren hatte (§ 2285).

4. Ein anfechtbarer Erbvertrag kann durch den Erblasser bestätigt werden (§§ 2284, 144).

VI. Rücktritt vom Erbvertrag.

1. Rücktritt des Erblassers vom Erbvertrag im ganzen bzw. von einer einzelnen vertragsmäßigen Verfügung ist möglich,

a) wenn sich der Erblasser den Rücktritt im Vertrage vorbehalten hat (§ 2293);

b) wenn sich der Bedachte einer Verfehlung schuldig macht, die einen Grund zur Entziehung des Pflichtteils darstellt (§ 2294);

c) wenn die Zuwendung an den Bedachten die Gegenleistung ist für eine von diesem übernommene Verpflichtung zur Gewährung von Unterhalt oder sonstigen wiederkehrenden Leistungen an den Erblasser für dessen Lebenszeit und diese Verpflichtung vor dem Tode des Erblassers aufgehoben wird (§ 2295).

2. Form des Rücktritts.

a) Der Rücktritt erfolgt durch gerichtlich oder notariell beurkundete Erklärung gegenüber dem Vertragsgegner und kann nur von dem Erblasser persönlich erklärt werden (§ 2296).

b) Nach dem Tode des Vertragsgegners kann der Erblasser, soweit er zum Rücktritt berechtigt ist, eine vertragsmäßige Verfügung durch Testament aufheben (§ 2297).

VII. Gemeinschaftliche Erbverträge.

Während gemeinschaftliche Testamente nur von Ehegatten errichtet werden können, kann in einem Erbvertrag zwischen beliebigen Personen jeder Vertragsteil vertragsmäßige Verfügungen von Todes wegen treffen (§ 2278 Abs. 1); diese Verfügungen sind im Zweifel voneinander abhängig; die Nichtigkeit einer Verfügung hat im Zweifel die Unwirksamkeit des ganzen Vertrages zur Folge (§ 2298 Abs. 1 u. 3) — anders, wenn der Erbvertrag nur vertragsmäßige Verfügungen des einen Teiles enthält, s. §§ 2279, 2085.

Uebt bei einem gemeinschaftlichen Erbvertrage der eine Erblasser das ihm vorbehaltene Rücktrittsrecht aus, so wird der ganze Vertrag hinfällig (§ 2298 Abs. 2). Nach dem Tode des anderen Vertragsteils tritt an die Stelle des Rücktritts die Aufhebung durch Testament, die aber nur zulässig ist, wenn der Ueberlebende das ihm vertragsmäßig Zugewandte ausschlägt, s. auch Abs. 3.

VIII. Schenkung von Todes wegen.

Ein Schenkungsversprechen unter der Bedingung, daß der Beschenkte den Schenker überlebt, unterliegt den Vorschriften über Verfügungen von Todes wegen, ist also nur in der Form einer Verfügung von Todes wegen rechtsgültig (§ 2301 Abs. 1). Das Versprechen ist Vermächtnis, wenn es hinsichtlich eines einzelnen Gegenstandes, es ist Erbeinsetzung, wenn es hinsichtlich des ganzen Vermögens oder eines Bruchteiles davon erteilt wird.

Wird die Schenkung aber noch von dem Schenker vollzogen, so finden die Vorschriften über Schenkungen unter Lebenden Anwendung (§ 2301 Abs. 2); also z. B. Widerruflichkeit gemäß § 530.

IX. Niemand kann sich durch Vertrag verpflichten, eine Verfügung von Todes wegen zu errichten oder nicht zu errichten, aufzuheben oder nicht aufzuheben (§ 2302).

X. Eine Verfügung von Todes wegen (Testament oder Erbvertrag), die gegen ein zwingendes gesetzliches Verbot oder gegen die guten Sitten verstößt, ist nichtig (§§ 134, 138 BGB, § 48 Abs. 1 TG).

Eine Verfügung von Todes wegen ist auch dann nichtig, wenn ein anderer den Erblasser durch Ausnutzung seiner Todesnot zu ihrer Errichtung bestimmt hat (§ 48 Abs. 3 TG).

§ 48 Abs. 2 TG ist durch Gesetz des Alliierten Kontrollrates vom 30. 10. 1946 aufgehoben.

Fünfter Abschnitt

Pflichtteil

I. Pflichtteilsberechtigte.

Pflichtteilsberechtigt können sein:

1. Alle Abkömmlinge des Erblassers (§ 2303 Abs. 1), also nicht nur Kinder, sondern auch fernere Abkömmlinge (Enkel, Urenkel);
2. die Eltern des Erblassers (§ 2303 Abs. 2), aber nicht die ferneren Vorfahren (Großeltern usw.);
3. der Ehegatte des Erblassers.

Die Geschwister des Erblassers sind nicht pflichtteilsberechtigt.

II. Voraussetzungen des Pflichtteilsrechts.

1. Ein Pflichtteilsrecht entsteht für die Pflichtteilsberechtigten, wenn sie *durch Verfügung von Todes wegen von der Erbfolge ausgeschlossen* sind (§ 2303). Es entsteht also nicht, wenn der Ausschluß von der Erbfolge auf anderen Gründen beruht, z. B. auf Erbverzicht (§ 2346), auf Erbunwürdigkeitserklärung (§ 2344), auf dem Vorhandensein eines bei der gesetzlichen Erbfolge vorgehenden Verwandten.

Auch bei Ausschluß von der Erbfolge durch Verfügung von Todes wegen entsteht für die Pflichtteilsberechtigten *ein Pflichtteilsrecht nicht*,

a) wenn sie auf das Pflichtteilsrecht verzichtet haben (§ 2346 Abs. 2);

b) wenn sie zwar von der Erbfolge ausgeschlossen, aber mit einem Vermächtnis bedacht sind, dessen Wert den Pflichtteil (Hälfte des Wertes des gesetzlichen Erbteils, s. unten IV) erreicht oder übersteigt, und sie das Vermächtnis annehmen (§ 2307). Nehmen sie das Vermächtnis an, obwohl sein Wert den Pflichtteil nicht erreicht, so haben sie einen Pflichtteilsanspruch nur in Höhe des Unterschiedes zwischen dem Wert des Vermächtnisses und dem Pflichtteil;

c) wenn noch ein anderer Pflichtteilsberechtigter vorhanden ist, der ihnen bei der gesetzlichen Erbfolge vorgehen würde und dieser den Pflichtteil verlangen kann oder das ihm Hinterlassene annimmt (§ 2309).

Z. B.: Der Erblasser hat sowohl seine Eltern wie sein Kind oder sein Kind und sein Enkelkind von der Erbfolge ausgeschlossen. Eltern bzw. Enkelkind können den Pflichtteil nur verlangen, wenn das Kind ihn nicht verlangen kann, z. B. für erbunwürdig erklärt ist. Hat der Erblasser sein Kind im bezeichneten Fall mit einem Vermächtnis bedacht, so haben Eltern bzw. Enkelkind kein Pflichtteilsrecht, wenn das Kind das Vermächtnis annimmt, wohl aber, wenn es das Vermächtnis ausschlägt und infolge Pflichtteilsverzichts kein Pflichtteilsrecht hat.

2. Ein Pflichtteilsrecht entsteht für die Pflichtteilsberechtigten in folgenden Fällen auch dann, wenn sie zu Erben eingesetzt sind:

a) Ist der Erbteil, zu dem der Pflichtteilsberechtigte eingesetzt ist, geringer als die Hälfte des gesetzlichen Erbteils, so hat der Pflichtteilsberechtigte gegen die Miterben einen Pflichtteilsanspruch in Höhe des Wertunterschiedes zwischen dem ihm hinterlassenen Erbteil und der Hälfte des gesetzlichen Erbteils (§ 2305).

b) Ist der Erbteil, zu dem der Pflichtteilsberechtigte eingesetzt ist, größer als die Hälfte des gesetzlichen Erbteils, ist der Pflichtteilsberechtigte aber durch die Einsetzung eines Nacherben, die Ernennung eines Testamentsvollstreckers oder eine Teilungsanordnung beschränkt, oder ist er mit einem Vermächtnis oder einer Auflage beschwert, so kann er den Pflichtteil verlangen, wenn er den Erbteil ausschlägt (§ 2306 Abs. 1 S. 2). Die Ausschlagungsfrist beginnt erst, wenn der Pflichtteilsberechtigte von der Beschränkung oder Beschwerung Kenntnis erlangt.
Einer Beschränkung der Erbeinsetzung steht es gleich, wenn der Pflichtteilsberechtigte als Nacherbe eingesetzt ist (§ 2306 Abs. 2).

III. Eine Beschränkung der Erbeinsetzung oder eine Beschwerung mit einem Vermächtnis oder einer Auflage gilt als nicht angeordnet, wenn der dem Pflichtteilsberechtigten hinterlassene Erbteil nicht größer ist als die Hälfte des gesetzlichen Erbteils (§ 2306 Abs. 1 S. 1). Ist der hinterlassene Erbteil kleiner, so fällt er also dem Pflichtteilsberechtigten unbeschränkt und unbeschwert zu und der Pflichtteilsberechtigte hat außerdem einen Pflichtteilsanspruch in Höhe des Wertunterschiedes (s. oben II, 2 a). Ist in diesen Fällen der Pflichtteilsberechtigte als Nacherbe eingesetzt, so gilt die Vorerbeneinsetzung als nicht geschehen und der Pflichtteilsberechtigte wird sofort mit dem Erbfall Erbe.

Hat ein Pflichtteilsberechtigter, um den Pflichtteil verlangen zu können, den ihm hinterlassenen Erbteil oder das ihm hinterlassene Vermächtnis ausgeschlagen, so kann er u. U. die Ausschlagung anfechten, womit dann das Pflichtteilsrecht hinfällig wird (§ 2308).

IV. Wesen des Pflichtteilsrechts und Höhe des Pflichtteils.

1. Wesen des Pflichtteilsrechts.

Das Pflichtteilsrecht ist kein Erbrecht. Der Pflichtteilsberechtigte wird also nicht Miterbe in Höhe der Hälfte seines gesetzlichen Erbteils, er hat nur ein Forderungsrecht, einen Anspruch auf Auszahlung des Wertes seines Pflichtteils in Geld (§ 2303 Abs. 1 S. 2).

Auch die ausdrückliche Zuwendung des Pflichtteils in einer Verfügung von Todes wegen ist im Zweifel nicht als Erbeinsetzung in Höhe der Hälfte des gesetzlichen Erbteiles anzusehen (§ 2304).

2. Höhe des Pflichtteils.

a) Der Pflichtteil ist grundsätzlich gleich der Hälfte des Wertes des gesetzlichen Erbteils (§ 2303 Abs. 1 S. 2). Wie aber schon oben (II, 1 b und 2 a) erwähnt, kann der Pflichtteil geringer sein, wenn nämlich der Pflichtteilsberechtigte eine Zuwendung — Vermächtnis oder Erbteil — annimmt, die geringer ist als die Hälfte des gesetzlichen Erbteils; dann ist der Pflichtteil nur gleich dem Unterschied des Wertes der Zuwendung und der Hälfte des gesetzlichen Erbteils.

b) Bei der Feststellung des Erbteils, der der Berechnung des Pflichtteils zugrunde zu legen ist, sind auch die Personen zu berücksichtigen, die durch letztwillige Verfügung von der Erbfolge ausgeschlossen sind oder die Erbschaft ausgeschlagen haben oder für erbunwürdig erklärt sind; wer aber infolge Erbverzichts als gesetzlicher Erbe ausscheidet, wird nicht mitgezählt (§ 2310) — er wird regelmäßig für den Erbverzicht eine Abfindung erhalten haben.

Z. B.: Ein Erblasser hat 3 Kinder; hat eines Erbverzicht geleistet, so ist der gesetzliche Erbteil der übrigen je ½ der Erbschaft, der Pflichtteil gleich je ¼ des Wertes der Erbschaft. Hat aber eines der 3 Kinder die Erbschaft ausgeschlagen und hat dieses Kind auch keine Abkömmlinge, die an seine Stelle treten, so ist der gesetzliche Erbteil der beiden anderen Kinder wieder je ⅓ der Erbschaft, der Pflichtteil aber nur gleich je ⅙ des Wertes der Erbschaft.

c) Der Wert des gesetzlichen Erbteiles des Pflichtteilsberechtigten wird errechnet auf Grund des Bestandes und des Wertes des Nachlasses zur Zeit des Erbfalls (§ 2311 Abs. 1 S. 1).

Der Voraus des überlebenden Ehegatten bleibt bei der Berechnung des Pflichtteils der Eltern außer Ansatz (§ 2311 Abs. 1 S. 1). Eine vom Erblasser getroffene Wertbestimmung ist nicht maßgebend, da der Erblasser sonst den Pflichtteil beliebig vermindern könnte (§ 2311 Abs. 2).

Weitere Vorschriften über die Berechnung des Pflichtteils in §§ 2312, 2313.

d) Der Erblasser kann bei Zuwendungen, die er zu seinen Lebzeiten an einen Pflichtteilsberechtigten macht, bestimmen, daß die Zuwendung auf den Pflichtteil anzurechnen sei (§ 2315 Abs. 1). Zwecks Bestimmung des Pflichtteils ist der Wert der Zuwendung dem Nachlaß hinzuzurechnen (§ 2315 Abs. 2).

Z. B.: Der Erblasser hat 2 Kinder, A und B, der Nachlaß beträgt 10 000 RM. A hat von dem Erblasser 2000 RM geschenkt erhalten mit der Bestimmung, daß er sich diese 2000 RM auf den Pflichtteil anrechnen lassen müsse. Der Pflichtteil errechnet sich dann wie folgt: Nachlaß 10 000 RM, Zuwendung 2000 RM = 12 000 RM. Wert des der Bestimmung des Pflichtteils zugrunde zu legenden Erbteils 6000 RM, Pflichtteil also 3000 RM. Auf diese 3000 RM hat sich A die Zuwendung von 2000 RM anrechnen zu lassen, so daß er also noch 1000 RM zu erhalten hat.

e) Handelt es sich um den Pflichtteil eines von mehreren Abkömmlingen des Erblassers, so ist bei der Errechnung des Wertes des gesetzlichen Erbteils die Ausgleichungspflicht der Abkömmlinge nach § 2050 zu berücksichtigen (§ 2316).

Hat in dem zu d) erwähnten Beispiel A nicht eine Schenkung, sondern eine nach § 2050 ausgleichungspflichtige Zuwendung von 2000 RM erhalten, so entfällt auf seinen gesetzlichen Erbteil (½ der Erbschaft) nach § 2055: 10 000 RM + 2000 RM: 2 — 2000 RM, also 4000 RM. Der Pflichtteil des A beträgt mithin 2000 RM.

f) Ist ein Erbe pflichtteilsberechtigt (§ 2305), so kann er sich Kenntnis von Bestand und Wert des Nachlasses auf Grund seines Rechts auf Mitbesitz und Mitverwaltung verschaffen; ist der Pflichtteilsberechtigte dagegen nicht Erbe, so hat er einen Anspruch auf Auskunft gegen den Erben (§ 2314).

V. Pflichtteilsanspruch und Pflichtteilsschuldner.

1. Der Anspruch auf den Pflichtteil entsteht mit dem Erbfall (§ 2317 Abs. 1); der Anspruch ist vererblich und übertragbar (§ 2317 Abs. 2), pfändbar aber erst, wenn er durch Vertrag anerkannt oder rechtshängig geworden ist (§ 852 Abs. 1 ZPO).

Der Pflichtteilsanspruch verjährt in 3 Jahren von dem Zeitpunkt an, in dem der Pflichtteilsberechtigte von dem Erbfall und der ihn beeinträchtigenden Verfügung Kenntnis erlangt, auf jeden Fall aber in 30 Jahren von dem Erbfall an (§ 2332 Abs. 1). Der Fristbeginn wird dadurch nicht hinausgeschoben, daß der Pflichtteilsanspruch erst nach Ausschlagung der Erbschaft oder eines Vermächtnisses geltend gemacht werden kann (§ 2332 Abs. 3).

2. Pflichtteilsschuldner ist der Erbe (§ 2303 Abs. 1 S. 1); ist ein Erbe selbst nach § 2305 pflichtteilsberechtigt, so sind Pflichtteilsschuldner die übrigen Miterben.

Die Pflichtteilsschuld ist Nachlaßverbindlichkeit, mehrere Miterben haften also als Gesamtschuldner, Haftungsteilung kann nach §§ 2060, 2061 eintreten. Im Innenverhältnis sind mehrere Miterben entsprechend dem Verhältnis ihrer Erbteile verpflichtet, sofern nicht der Erblasser ein anderes bestimmt hat (§ 2324).

Ein anderes gilt auch für den Fall, daß der gesetzliche Erbteil des Pflichtteilsberechtigten nur einem von mehreren Erben zufällt, sei es auf Grund gesetzlicher Erbfolge, sei es auf Grund einer Verfügung von Todes wegen; hier hat der Erbe, der den Erbteil des Pflichtteilsberechtigten erhält, auch die Pflichtteilslast in Höhe des erlangten Vorteils im Innenverhältnis allein zu tragen. (§ 2320).

Hat z. B. der Erblasser von seinen Kindern A, B und C den A enterbt und wird infolgedessen an Stelle des A dessen Kind A 1 Erbe, so muß A 1 im Innenverhältnis den Pflichtteil des A allein tragen.

3. Im Innenverhältnis zu einem Vermächtnisnehmer kann der Erbe u. U. die Pflichtteilslast ganz oder teilweise auf den Vermächtnisnehmer abwälzen. So kann er ein ihm auferlegtes Vermächtnis derart kürzen, daß die Pflichtteilslast von ihm und dem Vermächtnisnehmer verhältnismäßig getragen wird (§ 2318 Abs. 1 S. 1). Das gleiche Kürzungsrecht hat der Erbe in Bezug auf eine Auflage (§ 2318 Abs. 1 S. 2). Doch muß einem pflichtteilsberechtigten Vermächtnisnehmer das Vermächtnis so weit verbleiben, daß er für seinen Pflichtteil gedeckt ist (§ 2318 Abs. 2, s. auch Abs. 3).

Weitere Vorschriften über die Verteilung der Pflichtteilslast in §§ 2319, 2321—2324.

VI. Pflichtteilsergänzung.

1. Begriff und Berechnung der Pflichtteilsergänzung.

Zwecks Pflichtteilsberechnung wird ein von dem Erblasser verschenkter Gegenstand dem Nachlaß hinzugerechnet. Der Betrag, um den sich auf diese Weise der Pflichtteil erhöht, heißt Pflichtteilsergänzung (§ 2325).

Schenkungen, die der Anstand oder eine sittliche Pflicht erfordert, begründen keine Pflichtteilsergänzung (§ 2330), auch Schenkungen nicht, die mehr als 10 Jahre vor dem Erbfall zurückliegen (§ 2325 Abs. 3).

Hat der Pflichtteilsberechtigte selbst ein Geschenk von dem Erblasser erhalten, so ist auch dieses dem Nachlaß hinzuzurechnen und dann auf die Ergänzung anzurechnen (§ 2327).

Die Pflichtteilsergänzung kann u. U. auch ein Erbe verlangen, wenn nämlich der ihm hinterlassene Erbteil geringer ist als der Pflichtteil zuzüglich der Pflichtteilsergänzung (§ 2326).

2. Schuldner der Pflichtteilsergänzung ist, wie Schuldner des Pflichtteils, der Erbe. Ist aber der Erbe selbst pflichtteilsberechtigt, so kann er die Ergänzung des Pflichtteils so weit verweigern, daß ihm sein eigener Pflichtteil zuzüglich der Pflichtteilsergänzung verbleibt (§ 2328).

An Stelle des Erben ist Schuldner der Beschenkte in folgenden Fällen:

a) Wenn der Erbe nicht zur Pflichtteilsergänzung verpflichtet ist, sei es auf Grund des § 2328, sei es auf Grund Beschränkung seiner Haftung (§ 2329 Abs. 1 S. 1).

b) Wenn dem alleinigen Erben weniger hinterlassen worden ist als der Wert seines Pflichtteils zuzüglich der Pflichtteilsergänzung (§ 2329 Abs. 1 S. 2).

Der Anspruch gegen den Beschenkten geht auf Herausgabe des Geschenks zum Zwecke der Befriedigung wegen der Pflichtteilsergänzung; der Beschenkte haftet nur nach den Vorschriften über die Herausgabe einer ungerechtfertigten Bereicherung; er kann die Herausgabe des Geschenks durch Zahlung des fehlenden Betrags abwenden (§ 2329 Abs. 2).

Hat der Erblasser mehrere Personen beschenkt, so haften diese in umgekehrter Reihenfolge der Schenkungen, zuerst also der zuletzt Beschenkte (§ 2329 Abs. 3).

Der Anspruch gegen den Beschenkten verjährt in 3 Jahren von dem Erbfall an ohne Rücksicht auf die Kenntnis des Berechtigten von den Voraussetzungen seines Anspruchs (§ 2332 Abs. 2).

VII. Pflichtteilsentziehung.

1. Der Erblasser kann einem Abkömmling den Pflichtteil entziehen (§ 2333),

a) wenn er dem Erblasser, dessen Ehegatten oder einem anderen Abkömmling des Erblassers nach dem Leben trachtet;

b) wenn er den Erblasser oder dessen Ehegatten vorsätzlich körperlich mißhandelt; Mißhandlung des Ehegatten genügt aber nur dann, wenn der Abkömmling von diesem abstammt;

c) wenn er sich sonst eines Verbrechens oder eines schweren vorsätzlichen Vergehens gegen den Erblasser oder dessen Ehegatten schuldig macht;

d) wenn er die ihm dem Erblasser gegenüber gesetzlich obliegende Unterhaltspflicht böswillig verletzt;

e) wenn er einen ehrlosen oder unsittlichen Lebenswandel wider den Willen des Erblassers führt.

Dem Vater oder der Mutter kann der Erblasser den Pflichtteil entziehen, wenn sie sich einer der vorstehend zu a, c oder d aufgeführten Verfehlungen schuldig machen (§ 2334). Dem Ehegatten kann der Erblasser den Pflichtteil entziehen, wenn dieser sich einer Verfehlung schuldig macht, auf Grund deren der Erblasser nach den §§ 42, 43 des Ehegesetzes vom 20. 2. 46 (Ehebruch, schwere Eheverfehlung) auf Scheidung klagen kann (§ 2335 Abs. 1, der noch nicht dem Ehegesetz angepaßt ist). Pflichtteilsentziehung auch nach Versäumung der Frist zur Klageerhebung möglich (§ 2335 Abs. 2).

2. Das Recht zur Entziehung des Pflichtteils erlischt durch Verzeihung (§ 2337 S. 1); eine bereits angeordnete Entziehung wird durch Verzeihung unwirksam (§ 2337 S. 2).

3. Die Entziehung des Pflichtteils erfolgt durch letztwillige Verfügung (§ 2336 Abs. 1). Der Grund der Entziehung muß zur Zeit der Errichtung der Verfügung bestehen und in dieser angegeben werden (§ 2336 Abs. 2). Entziehung wegen ehrlosen oder unsittlichen Lebenswandels ist unwirksam, wenn sich der Abkömmling zur Zeit des Erbfalls von solchem Lebenswandel dauernd abgewendet hat (§ 2336 Abs. 4).

Der Erbe, der dem Pflichtteilsberechtigten den Pflichtteil wegen Pflichtteilsentziehung nicht auszahlen will, muß beweisen, daß der für die Entziehung in der letztwilligen Verfügung angegebene Grund auch wirklich besteht (§ 2336, Abs. 3).

VIII. Pflichtteilsbeschränkung in guter Absicht (§ 2338).

Pflichtteilsbeschränkung ist nur einem Abkömmling gegenüber möglich; Voraussetzung ist Verschwendungssucht oder Ueberschuldung des Abkömmlings und dadurch herbeigeführte Gefährdung seines späteren Erwerbs.

Der Erblasser kann das Pflichtteilsrecht des Abkömmlings beschränken, indem er

1. die gesetzlichen Erben des Abkömmlings als Nacherben bzw. Nachvermächtnisnehmer hinsichtlich des dem Abkömmling hinterlassenen Erbteils oder Vermächtnisses bzw. seines Pflichtteils einsetzt,
2. die Verwaltung des dem Abkömmling hinterlassenen Erbteils oder Vermächtnisses oder seines Pflichtteils einem Testamentsvollstrecker überträgt mit der Maßgabe, daß der Abkömmling nur Anspruch auf den jährlichen Reinertrag hat.

Es gelten die gleichen Formvorschriften wie für die Entziehung des Pflichtteils (§ 2338 Abs. 2). Die Beschränkung ist unwirksam, wenn sich der Abkömmling zur Zeit des Erbfalls dauernd von dem verschwenderischen Leben abgewendet hat oder die Ueberschuldung nicht mehr besteht

Sechster Abschnitt

Erbunwürdigkeit

I. Erbunwürdig ist (§ 2339):

1. Wer den Erblasser vorsätzlich und widerrechtlich getötet hat oder zu töten versucht oder unfähig gemacht hat, eine Verfügung von Todes wegen zu errichten oder aufzuheben;
2. wer den Erblasser vorsätzlich und widerrechtlich verhindert hat, eine Verfügung von Todes wegen zu errichten oder aufzuheben;
3. wer den Erblasser durch arglistige Täuschung oder durch Drohung bestimmt hat, eine Verfügung von Todes wegen zu errichten oder aufzuheben (s. auch § 2339 Abs. 2);
4. wer sich hinsichtlich einer Verfügung des Erblassers von Todes wegen nach den §§ 267—274 StGB (Urkundenfälschung, Urkundenvernichtung usw.) strafbar gemacht hat (s. auch § 2339 Abs. 2).

Der Erbunwürdige wird zunächst Erbe, verliert aber die Erbschaft durch Erbunwürdigkeitserklärung mit der Wirkung, daß der Anfall an ihn als nicht erfolgt gilt und die Erbschaft sich so vererbt, als hätte der Erbunwürdige den Erbfall nicht erlebt (§ 2344).

Die Erbunwürdigkeitserklärung erfolgt durch Urteil, das auf Erhebung der Anfechtungsklage ergeht (§§ 2340, 2342). Anfechtungsberechtigt ist jeder, dem der Wegfall des Erbunwürdigen zustatten kommt, sei er auch erst nach Wegfall weiterer Vormänner erbberechtigt (§ 2341).

Die Anfechtungsklage ist binnen Jahresfrist seit Kenntniserlangung von dem Anfechtungsgrunde zu erheben, und ist ausgeschlossen, wenn seit dem Erbfall 30 Jahre verstrichen sind (§§ 2340 Abs. 3, 2082).

Verzeihung seitens des Erblassers schließt die Anfechtung des Erbschaftserwerbs aus (§ 2343).

II. Wegen Unwürdigkeit kann auch der Anspruch eines Vermächtnisnehmers und eines Pflichtteilsberechtigten angefochten werden (§ 2345). Gründe der Unwürdigkeit sind die gleichen wie die der Unwürdigkeit eines Erben. Die Anfechtung erfolgt nach § 143 durch Erklärung gegenüber dem Vermächtnisnehmer oder Pflichtteilsberechtigten.

Siebenter Abschnitt

Erbverzicht

I. Ein Erbverzichtsvertrag kann geschlossen werden zwischen dem Erblasser auf der einen Seite und einem gesetzlichen oder durch Verfügung von Todes wegen eingesetzten Erben oder einem Vermächtnisnehmer auf der anderen Seite (§§ 2346, 2352). Ist die Zuwendung in einem Erbvertrag erfolgt, so ist ein Erbverzichtsvertrag nur möglich, wenn Bedachter ein Dritter ist; ist es die andere Partei des Erbvertrags, so ist nur Aufhebungsvertrag nach § 2290 zulässig (§ 2352 S. 2).

1. Durch den Erbverzicht wird der gesetzliche Erbe von der Erbfolge ausgeschlossen, wie wenn er zur Zeit des Erbfalles nicht mehr lebte; er hat kein Pflichtteilsrecht; der Verzicht kann auf das Pflichtteilsrecht beschränkt werden (§ 2346).

Verzichtet ein Abkömmling oder Seitenverwandter des Erblassers auf das gesetzliche Erbrecht, so erstreckt sich die Wirkung des Verzichts im Zweifel auf seine Abkömmlinge (§ 2349).

Ein gesetzlicher Erbe kann zugunsten eines bestimmten anderen auf sein Erbrecht verzichten; der Verzicht gilt dann im Zweifel nur für den Fall, daß der andere Erbe wird (§ 2350 Abs. 1).

Der Verzicht eines Abkömmlings auf das gesetzliche Erbrecht gilt im Zweifel nur zugunsten der anderen Abkömmlinge und des Ehegatten des Erblassers (§ 2350 Abs. 2).

2. Leistet ein durch Verfügung von Todes wegen eingesetzter Erbe oder ein Vermächtnisnehmer Erbverzicht, so fällt ihm die Erbschaft oder das Vermächtnis nicht an.

II. Der Erbverzichtsvertrag bedarf der gerichtlichen oder notariellen Beurkundung (§ 2348). Der Erblasser kann den Vertrag nur persönlich schließen, ist er geschäftsunfähig, so kann der gesetzliche Vertreter den Vertrag schließen, wozu in der Regel Genehmigung des Vormundschaftsgerichts erforderlich ist (§ 2347 Abs. 2).

Der Verzichtende kann den Vertrag auch durch einen Bevollmächtigten schließen; ist er in der Geschäftsfähigkeit beschränkt, bedarf er der Zustimmung seines gesetzlichen Vertreters (§ 107); erforderlich ist bei Geschäftsbeschränktheit und Geschäftsunfähigkeit des Verzichtenden regelmäßig auch die Genehmigung des Vormundschaftsgerichts (§ 2347 S. 1).

Der Erbverzicht kann durch Vertrag aufgehoben werden (§ 2351).

Achter Abschnitt

Erbschein

I. Begriff, Bedeutung und Inhalt des Erbscheines.

1. Der Erbschein ist ein vom Nachlaßgericht einem Erben erteiltes Zeugnis über sein Erbrecht und, wenn er nicht alleiniger Erbe ist, über die Größe seines Erbteils (§ 2353). Seine Bedeutung liegt in zwei Vorschriften:

a) Die Richtigkeit des Erbscheines wird vermutet (§ 2365), und zwar dahingehend,

aa) daß dem als Erben Bezeichneten das angegebene Erbrecht zustehe,

bb) daß er nur durch die im Erbschein angegebenen Anordnungen in der Verfügung über den Nachlaß beschränkt sei — in Frage kommen die Anordnung einer Testamentsvollstreckung und die Anordnung einer Nacherbfolge.

Diese Vermutung regelt im Streitfalle die Beweislast; sie ist widerlegbar.

b) Im rechtsgeschäftlichen Verkehr wird, soweit die Vermutung des § 2365 reicht, der Glaube an das Erbrecht einer Person geschützt, wenn sie in einem Erbschein als Erbe bezeichnet ist (§§ 2366, 2367). Verfügungen eines Nichterben über einen Erbschaftsgegenstand (z. B. Veräußerung, Belastung, Erlaß, Kündigung) oder Leistungen an ihn auf Grund eines zur Erbschaft gehörigen Rechtes sind also zugunsten des redlichen Geschäftsgegners wirksam, wenn dem Nichterben ein Erbschein erteilt ist und dieser Erbschein keine Verfügungsbeschränkung etwa durch Testamentsvollstreckung erwähnt. Nicht erforderlich ist, daß der Geschäftsgegner von der Existenz des Erbscheins weiß.

Nicht geschützt wird, wer die Unrichtigkeit des Erbscheins kennt, d. h. weiß, daß der im Erbschein als Erbe Genannte in Wirklichkeit nicht Erbe ist, gleichgültig, ob ihm die Existenz des Erbscheins bekannt ist oder nicht; nicht geschützt wird auch der, der weiß, daß das Nachlaßgericht die Rückgabe des Erbscheins wegen Unrichtigkeit verlangt hat (§ 2366 a. E.). Grobfahrlässige Unkenntnis schadet in beiden Fällen nicht.

2. Der Erbschein muß angeben den Erblasser, den Erben, die Größe seines Erbteils, etwaige Beschränkungen des Erben durch Anordnung einer Testamentsvollstreckung oder einer Nacherbfolge (§§ 2353, 2363, 2364). Miterben kann ein gemeinschaftlicher Erbschein erteilt werden (§ 2357).

Vermächtnisanordnungen oder Pflichtteilsrechte werden im Erbschein nicht erwähnt.

II. Erteilung und Einziehung des Erbscheins.

1. Der Erbschein wird dem Erben auf Antrag erteilt (§ 2353); der Antrag kann formlos und auch durch einen Vertreter gestellt werden. Antragsberechtigt ist u. U. auch ein Gläubiger des Erben oder des Erblassers (§§ 792, 896 ZPO). Wird der Antrag auf Grund gesetzlicher Erbfolge gestellt, so muß der Erbe den Tod des Erblassers und das Verhältnis, auf dem sein Erbrecht beruht (Verwandtschaft, Ehe), darlegen und durch öffentliche Urkunden belegen, auch den Wegfall und die Art und Weise des Wegfalls gleich- oder näherberechtigter Personen angeben und durch öffentliche Urkunden nachweisen (§§ 2354 Z. 1—3 Abs. 2, 2356).

Als öffentliche Urkunden kommen in Frage vor allem standesamtliche und für die Zeit vor Errichtung der Standesämter (1. 10. 1874) Auszüge aus Kirchenbüchern. Außer der Sterbeurkunde des Erblassers muß z. B. der Sohn des Erblassers seine Geburtsurkunde zum Nachweis seiner Abstammung, die Witwe die Heiratsurkunde zum Nachweis der Ehe einreichen. Will der Bruder des Erblassers einen Erbschein haben, muß er einreichen seine und des Erblassers Geburtsurkunde zum Nachweis der gleichen Abstammung, Sterbeurkunden der Eltern zum Nachweis des Wegfalls Vorberechtigter usw. Bei Unmöglichkeit der Beschaffung der vorgeschriebenen Urkunden andere Beweismittel (§ 2356 Ab. 1 S. 2).

Weiter erforderliche Angaben s. § 2354 Z. 4 u. 5.

Wird der Antrag auf Grund einer Verfügung von Todes wegen gestellt, so hat der Erbe die Verfügung, auf der sein Erbrecht beruht, zu bezeichnen und vorzulegen (§§ 2355, 2356) und die weiter nach § 2355 erforderlichen Angaben zu machen.

Der Erbe muß ferner die Richtigkeit seiner Angaben, soweit sie nicht durch öffentliche Urkunden zu belegen sind, vor Gericht oder vor einem Notar an Eidesstatt versichern (§ 2356 Abs. 2). Diese formbedürftige eidesstattliche Versicherung, die meist zusammen mit dem an sich nicht formbedürftigen Antrag beurkundet wird, muß der Erbe persönlich oder sein gesetzlicher Vertreter, evtl. der antragstellende Gläubiger, abgeben; Abgabe durch einen Bevollmächtigten ist nicht zulässig.

Das Nachlaßgericht hat, wenn es den Nachweis der Erbfolge nicht für erbracht hält, Ermittlungen anzustellen; es kann eine öffentliche Aufforderung zur Anmeldung von Erbrechten erlassen (§§ 2358, 2359).

2. Ein unrichtiger Erbschein ist vom Nachlaßgericht einzuziehen und, wenn er nicht sofort erlangt werden kann, für kraftlos

zu erklären (§ 2361). Der wirkliche Erbe kann von dem Besitzer eines unrichtigen Erbscheins die Herausgabe an das Nachlaßgericht verlangen (§ 2362 Abs. 1).

III. Testamentsvollstreckerzeugnis.

Einem Testamentsvollstrecker hat das Nachlaßgericht auf Antrag ein Zeugnis über seine Ernennung zu erteilen (§ 2368). Auch das Testamentsvollstreckerzeugnis hat die Vermutung der Richtigkeit für sich; nach Erteilung des Zeugnisses wird der Glaube an die Vertretungsmacht des im Zeugnis genannten Testamentsvollstreckers ebenso geschützt wie der Glaube an das Erbrecht des in einem Erbschein genannten Erben (§ 2368 Abs. 3).

Das Testamentsvollstreckerzeugnis wird mit der Beendigung des Amtes des Testamentsvollstreckers auch ohne Einziehung oder Kraftloserklärung kraftlos (§ 2368 Abs. 3).

IV. Auch der Glaube an die Richtigkeit einer Todeserklärung wird wie der Glaube an dic Richtigkeit eines Erbscheins geschützt (§ 2370). Als Verfügungsberechtigt über das Vermögen des für tot Erklärten gilt derjenige, der Erbe sein würde, wenn der für tot Erklärte in dem in der Todeserklärung angegebenen Zeitpunkt gestorben wäre.

Neunter Abschnitt

Erbschaftskauf

Der Alleinerbe kann die Erbschaft, der Miterbe seinen Erbteil verkaufen; der Kaufvertrag bedarf der gerichtlichen oder notariellen Beurkundung (§ 2371). Der Miterbe kann vor der Nachlaßteilung seinen Erbteil im ganzen auf den Käufer übertragen (§ 2033); der Alleinerbe und der Miterbe nach der Teilung müssen den Kaufvertrag durch Leistung der einzelnen Erbschaftsgegenstände erfüllen.

I. Rechtsverhältnis zwischen Käufer und Verkäufer.

1. Der Verkäufer ist verpflichtet, dem Käufer alle zur Zeit des Verkaufs vorhandenen Erbschaftsgegenstände herauszugeben, ferner alles, was er vor dem Verkauf auf Grund eines zur Erbschaft gehörenden Rechts oder als Ersatz für Zerstörung, Beschädigung oder

Entziehung eines Erbschaftsgegenstandes oder durch ein Rechtsgeschäft erlangt hat, das sich auf die Erbschaft bezog (§ 2374). Für verbrauchte oder verschenkte Erbschaftsgegenstände hat der Verkäufer Ersatz zu leisten, es sei denn, daß dem Käufer der Verbrauch oder die Schenkung bekannt war (§ 2375 Abs. 1). Im übrigen ist der Verkäufer für vor dem Verkauf eingetretene Verschlechterung eines Erbschaftsgegenstandes oder die Unmöglichkeit der Herausgabe nicht zum Ersatz verpflichtet (§ 2375 Abs. 2).

Vorteile aus dem Wegfall eines Vermächtnisses oder einer Auflage oder aus der Ausgleichungspflicht eines Miterben gebühren dem Käufer (§ 2372). Dagegen ist ein Erbteil, der dem Verkäufer nach dem Abschluß des Kaufes durch Nacherbfolge oder infolge des Wegfalls eines Miterben anfällt, sowie ein Vorausvermächtnis im Zweifel nicht als mitverkauft anzusehen, und das gleiche gilt von Familienpapieren und Familienbildern (§ 2373).

Die durch Vereinigung von Recht und Verbindlichkeit oder von Recht und Belastung erloschenen Rechtsverhältnisse gelten als nicht erloschen (§ 2377).

2. Die ordentlichen Lasten bis zum Verkauf trägt der Verkäufer, dafür verbleiben ihm bis dahin die Nutzungen; alle außerordentlichen Lasten dagegen trägt der Käufer (§ 2379).

3. Für Sachmängel und Rechtsmängel hinsichtlich einzelner Gegenstände haftet der Verkäufer nicht, wohl aber für das Bestehen seines Erbrechts und dafür, daß es nicht durch Testamentsvollstreckung oder Nacherbfolge beschränkt ist, daß nicht Vermächtnisse usw. bestehen und daß nicht unbeschränkte Haftung eingetreten ist (§ 2376).

4. Von dem Abschluß des Kaufs an trägt der Käufer die Gefahr des zufälligen Unterganges und der zufälligen Verschlechterung von Erbschaftsgegenständen (§ 2380); von diesem Zeitpunkt an gebühren ihm die Nutzungen und trägt er alle Lasten (§ 2380 S. 2).

II. Haftung für die Nachlaßverbindlichkeiten.

Vom Abschluß des Kaufs an haftet neben dem Verkäufer auch der Käufer für die Nachlaßverbindlichkeiten (§ 2382). Im Innenverhältnis ist der Käufer verpflichtet, die Nachlaßverbindlichkeiten zu erfüllen, bis auf Verbindlichkeiten aus Vermächtnissen, Auflagen und Pflichtteilsrechten (§ 2378)

Der Käufer kann beschränkt mit dem Nachlaß oder unbeschränkt haften; es finden die Vorschriften über die Erbenhaftung Anwendung; Beschränkung der Haftung kann also eintreten infolge Aufgebots der Nachlaßgläubiger, Nachlaßverwaltung usw., unbeschränkbare Haftung durch Verletzung der Inventarpflicht (s. aber § 2383 Abs. 2). Haftet der Verkäufer aber zur Zeit des Verkaufs schon unbeschränkt, so gilt das gleiche für den Käufer (§ 2383).

III. Verkauft der Käufer einer Erbschaft diese weiter, so finden die Vorschriften über den Erbschaftskauf entsprechende Anwendung, und auch für sonstige auf Veräußerung einer Erbschaft gerichtete Verträge (etwa Tauschverträge) gelten diese Vorschriften entsprechend (§ 2385).

Ueber Schenkungsverträge bezüglich einer Erbschaft s. § 2385 Abs. 2.

Sachverzeichnis

(Die Zahlen bezeichnen die Seiten.)

FSC
www.fsc.org
MIX
Papier | Fördert gute Waldnutzung
FSC® C083411

Kolibri 360 GmbH
Ferdinand-Jühlke-Straße 7
99095 Erfurt, Deutschland
produktsicherheit@kolibri360.de